Pearson

编程珠玑

第2版

[美] 乔恩·本特利（Jon Bentley）◎著　黄倩　钱丽艳◎译　刘田◎审校

Programming Pearls

Second Edition

人民邮电出版社
北京

图书在版编目（CIP）数据

编程珠玑 : 第2版 / (美) 乔恩·本特利
(Jon Bentley) 著 ; 黄倩, 钱丽艳译. -- 3版. -- 北京:
人民邮电出版社, 2019.10
书名原文: Programming Pearls, Second Edition
ISBN 978-7-115-51628-2

Ⅰ. ①编… Ⅱ. ①乔… ②黄… ③钱… Ⅲ. ①程序设计 Ⅳ. ①TP311.1

中国版本图书馆CIP数据核字(2019)第140885号

内容提要

本书是计算机科学方面的经典名著。书的内容围绕程序设计人员面对的一系列实际问题展开。作者 Jon Bentley 以其独有的洞察力和创造力，引导读者理解这些问题并学会解决方法，而这些正是程序员实际编程生涯中至关重要的。本书的特色是通过一些精心设计的有趣而又颇具指导意义的程序，对实用程序设计技巧及基本设计原则进行了透彻而睿智的描述，为复杂的编程问题提供了清晰而完备的解决思路。

本书对各个层次的程序员都具有很高的阅读价值。

◆ 著　　　[美] 乔恩·本特利（Jon Bentley）
译　　　黄　倩　钱丽艳
审　　校　刘　田
责任编辑　杨海玲
责任印制　焦志炜

◆ 人民邮电出版社出版发行　　北京市丰台区成寿寺路 11 号
邮编 100164　　电子邮件 315@ptpress.com.cn
网址 http://www.ptpress.com.cn
固安县铭成印刷有限公司印刷

◆ 开本：720×960　1/16
印张：17.75　　　2019 年 10 月第 3 版
字数：328 千字　　　2024 年 12 月河北第 9 次印刷
著作权合同登记号　图字：01-2006-7038 号

定价：59.00 元

读者服务热线：(010)81055410　印装质量热线：(010)81055316
反盗版热线：(010)81055315
广告经营许可证：京东市监广登字20170147号

版权声明

译者简介

黄倩 中国科学院计算技术研究所博士研究生，毕业于南京大学，目前主要从事视频处理等方面的研究工作。

钱丽艳 北京大学信息科学技术学院基础实验教学研究所软件实验室主任、工程师，毕业于国防科技大学，目前主要从事数值计算、程序设计等方面的研究工作。

审稿人简介

刘田 北京大学信息科学技术学院软件研究所副教授、中国电子学会电路与系统分会图论与系统优化专业委员会秘书长、中国计算机学会和中国电子学会高级会员，毕业于中国科学技术大学，目前主要从事算法分析和计算复杂度、量子信息处理等方面的研究工作，翻译出版了多部国外著名离散数学和计算理论教材。

译者序

本书作者 Jon Bentley 是美国著名的程序员和计算机科学家，他于 20 世纪 70 年代前后在很有影响力的《ACM 通讯》（*Communications of the ACM*）上以专栏的形式连续发表了一系列短文，成功地总结和提炼了自己在长期的计算机程序设计实践中积累下来的宝贵经验。这些短文充满了真知灼见，而且文笔生动、可读性强，对于提高职业程序员的专业技能很有帮助，因此该专栏大受读者欢迎，成为当时该学术期刊的王牌栏目之一。可以想象当时的情形颇似早年金庸先生在《明报》上连载其武侠小说的盛况。后来在 ACM 的鼓励下，作者经过仔细修订和补充整理，对各篇文章的先后次序做了精心编排，分别在 1986 年和 1988 年结集出版了 *Programming Pearls*（《编程珠玑》）和 *More Programming Pearls*（《编程珠玑（续）》）这两本书，二者均成为该领域的名著。《编程珠玑（第 2 版）》在 2000 年问世，书中的例子都改用 C 语言书写，并多处提到如何用 C++和 Java 中的类来实现。《编程珠玑（续）》虽未再版，例子多以 Awk 语言写成，但其语法与 C 相近，容易看懂。

作者博览群书，旁征博引，无论是计算机科学的专业名著，如《计算机程序设计艺术》，还是普通的科普名著，如《啊哈！灵机一动》，都在作者笔下信手拈来、娓娓道出，更不用说随处可见的作者自己的真知灼见了。如果说《计算机程序设计艺术》这样的巨著代表了程序员们使用的“坦克和大炮”一类的重型武器，这两本书则在某种程度上类似于鲁迅先生所说的“匕首与投枪”一类的轻型武器，更能满足职业程序员的日常需要。或者说前者是武侠小说中提高内力修为的根本秘籍，后者是点拨临阵招数的速成宝典，二者同样都是克敌制胜的法宝，缺一不可。在无止境地追求精湛技艺这一点上，程序员、数学家和武侠们其实是相通的。

在美国，这两本书不仅被用作大学低年级数据结构与算法课程的教材，还用作高年级算法课程的辅助教材。例如，美国著名大学麻省理工学院的电气工程与计算机科学开放式核心课程算法导论就将这两本书列为推荐读物。这两本书覆盖了大学算法课程和数据结构课程的大部分内容，但是与普通教材的侧重点又不一样，不强调单纯从数学上来进行分析的技巧，而是强调结合实际问题来进行分析、应用和实现的技巧，因此可作为大学计算机专业的算法、数据结构、软件工程等课程的教师参考用书和优秀课外读物。书中有许多真实的历史案例和许多极好的练习题以及部分练习题的提示与解答，非常适合自学。正如作者所建议的那样，阅读这两本书时，读者需要备有纸和笔，最好还有一台计算机在手边，边读边想、边想边做，这样才能将阅读这两本书的收益最大化。

人民邮电出版社引进版权，同时翻译出版了《编程珠玑（第 2 版）》和《编程珠玑（续）》，使这两个中译本珠联璧合，相信这不仅能极大地满足广大程序员读者的需求，还有助于提高国内相关课程的授课质量和学生的学习兴趣。

本书主要由黄倩和钱丽艳翻译，刘田审校，翻译过程中得到了张怀勇先生的帮助，在此表示感谢。由于本书内容深刻，语言精妙，而译者的水平和时间都比较有限，错误和不当之处在所难免，敬请广大读者批评指正。

前言

计算机编程有很多方面。Fred Brooks 在《人月神话》一书中为我们描绘了全景，他的文章强调了管理在大型软件项目中所起的关键作用。而 Steve McConnell 在《代码大全》一书中更具体地传授了良好的编程风格。这两本书所讨论的是好软件的关键因素和专业程序员应有的特征。遗憾的是，仅仅熟练地运用这些可靠的工程原理，不见得一定能够如期完成软件并顺利运行。

关于本书

本书描述了计算机编程更具魅力的一面：在可靠的工程之外，在洞察力和创造力范围内结晶而出的编程珠玑。正如自然界中的珍珠来自于磨砺牡蛎的细沙一样，这些编程珠玑来自于磨砺程序员的实际问题。书中的程序都很有趣，传授了重要的编程技巧和基本的设计原理。

本书大部分内容最初发表在《ACM 通讯》中我主持的“编程珠玑”专栏。这些内容经过汇总和修订，在 1986 年结集出版，成为本书的第 1 版。第 1 版的 13 篇文章中，有 12 篇都在本版中做了大幅修订；此外，本版还补充了 3 篇新的内容。

阅读本书所需的唯一背景知识就是某种高级语言的编程经验。书中偶尔会出现一些高级技术（如 C++中的模板等），对此不熟悉的读者可以跳过这些内容，基本上不影响阅读。

本书每一章都独立成篇，各章之间却又有着逻辑分组。第 1 章至第 5 章构成本书的第一部分，这部分回顾了编程的基本原理：问题定义、算法、数据结构以及程序验证和测试。第二部分围绕效率这个主题展开。效率问题有时本身很重要，又永远都是进入有趣编程问题的绝佳跳板。第三部分用这些技术来解决排序、搜索和字符串等重要问题。

阅读本书的一个提示：不要读得太快。要仔细阅读，一次读一章。要尝试解答书中提出的问题——有些问题需要集中精力思考一两小时才会变得容易。然后，要努力解答每章末尾的习题：当读者写下答案时，从本书学到的大部分知识就会跃然纸上。如有可能，要先与朋友和同事讨论一下自己的思路，再去查阅本书末尾的提示和答案。

每章末尾的“深入阅读”并不算是学术意义上的参考文献表，而是我推荐的一些好书，这些书是我个人藏书的重要部分。

本书是为程序员而写的。我希望书中的习题、提示、答案和深入阅读对每个人都有用。本书已用作算法、程序验证和软件工程等课程的教材。附录 A 中的算法分类可供实际编程人员参考，该附录同时还说明了如何在算法和数据结构课程中使用本书。

代码

本书第 1 版中的伪代码程序其实都已实现，但当时未公开。在本版中，我重写了所有的老程序，并且编写了差不多等量的新代码。代码中包含许多对函数进行测试、调试和计时的脚手架程序。该网站还提供了其他相关的材料。由于现在许多的软件都能在线获得，因此本版的一个新增内容就是：如何评估和使用软件组件。

本书的程序采用了简洁的代码风格：短变量名，很少空行，很少或没有错误检测。这种风格不适用于大型软件项目，却有助于表达算法的核心思想。第 5 章第 1 个习题的答案给出了这种风格的更多细节。

本书包含几个实际的 C 和 C++程序，其余大多数函数都用伪代码来表示，这样既节省了空间，又避免了烦琐的语法。记号 *for* i = [0, n)表示在从 0 至 n-1 的范围内对 i 进行迭代。在这类 *for* 循环中，左圆括号和右圆括号代表开区间（不包括端点值），而左方括号和右方括号代表闭区间（包括端点值）。表达式 *function*(i, j)仍表示用参数 i 和 j 调用函数，而 *array*[i, j]仍表示访问数组元素。

本版所提供的许多程序的运行时间都基于“我的计算机”——一台 128 MB 内存、运行 Windows NT 4.0 操作系统的 400 MHz Pentium II。我测试了这些程序在其他几台机器上的运行时间，书中记录了我观察到的一些显著的差异。所有的实验都使用了最高级别的编译器优化。建议读者在自己的计算机上对这些程序计时，我敢打赌读者将会发现相似比率的运行时间。

致第 1 版的读者

我希望你们在翻阅本版时的第一感觉是“看起来很眼熟啊”，而过几分钟又得出结论“以前从来没读过”。

本版与第 1 版主题相同，但涉及的范围更广。计算技术已经在数据库、网络和用户界面等重要领域取得了长足的进展。大多数程序员应当都熟悉这些技术。但是，这些领域的中心仍然是那些核心编程问题，这些问题还是本书的主题。相对于第 1 版而言，本版可以比喻为一条稍微长大了的鱼，游进了一个大得多的池塘。

第 1 版第 4 章关于实现二分搜索的一节内容经过扩充成为本版中关于测试、调试和计时的第 5 章。第 1 版第 11 章经过扩充，在本版中分成了第 12 章（还讨论原来的问题）和第 13 章（讨论集合表示）。第 1 版第 13 章描述的在 64 KB 地址空间运行的拼写检查器已被删除，但其要点仍保留在 13.8 节中。新增的第 15 章讨论字符串问题。本版在第 1 版的各章中插入了许多新节，同时删除了一些旧节。新增的习题、答案以及 4 个附录使得本版篇幅比第 1 版增加了 25%。

本版保留了许多原有的实例研究，因为它们具有历史价值。有些老故事则用现代术语做了改写。

第 1 版的致谢

对许多人给予我的诸多帮助，我一直心存感激。Peter Denning 和 Stuart Lynn 最早设想在《ACM 通讯》上开设专栏。Peter 在计算机学会（ACM）内做了大量的工作，促成了该专栏，并动员我来主持这个专栏。ACM 总部员工（特别是 Roz Steier 和 Nancy Adriance）在本书各篇文章最初发表时给予大力协助。我要特别感谢 ACM 鼓励我以目前这种经过修订的形式来出版各篇文章；还要特别感谢《ACM 通讯》的众多读者，他们对原始各篇文章的评论使得这个扩充版本成为必要的和可能的。

Al Aho、Peter Denning、Mike Garey、David Johnson、Brian Kernighan、John Linderman、Doug McIlroy 和 Don Stanat 都非常仔细地读过每一章，尽管时间期限常常很紧。我还要感谢以下诸位的宝贵意见：Henry Baird、Bill Cleveland、David Gries、Eric Grosse、Lynn Jelinski、Steve Johnson、Bob Melville、Bob Martin、Arno Penzias、Marilyn Roper、Chris Van Wyk、Vic Vyssotsky 和 Pamela Zave。Al Aho、Andrew Hume、Brian Kernighan、Ravi Sethi、Laura Skinger 和 Bjarne Stroustrup 在本书的成书过程中给予了无法估量的帮助，而西点军校 EF 485 课程的学员实际核对了倒数第二稿[①]。再次谢谢诸位。

第 2 版的致谢

Dan Bentley、Russ Cox、Brian Kernighan、Mark Kernighan、John Linderman、Steve McConnell、Doug McIlroy、Rob Pike、Howard Trickey 和 Chris Van Wyk 都非常仔细地阅读过本版。我还要感谢以下诸位的宝贵意见：Paul Abrahams、Glenda Childress、Eric

① 原作者在给译者的电子邮件中指出，他曾在西点军校授课，用本书草稿作为教材，EF 为 Engineering Fundamentals（工程基础）系的缩写。——译者注

Grosse、Ann Martin、Peter McIlroy、Peter Memishian、Sundar Narasimhan、Lisa Ricker、Dennis Ritchie、Ravi Sethi、Carol Smith、Tom Szymanski 和 Kentaro Toyama。感谢 Addison-Wesley 出版社的 Peter Gordon 和他的同事们帮助筹划了本版。

Jon Bentley

于新泽西州 Murray Hill

1985 年 12 月

1999 年 8 月

资源与服务

本书由异步社区出品，社区（https://www.epubit.com/）为您提供后续服务。

提交勘误

作者和编辑尽最大努力来确保书中内容的准确性，但难免会存在疏漏。欢迎您将发现的问题反馈给我们，帮助我们提升图书的质量。

当您发现错误时，请登录异步社区，按书名搜索，进入本书页面，单击“提交勘误”，输入勘误信息，单击“提交”按钮即可（见下图）。本书的作者和编辑会对您提交的勘误进行审核，确认并接受后，您将获赠异步社区的 100 积分。积分可用于在异步社区兑换优惠券、样书或奖品。

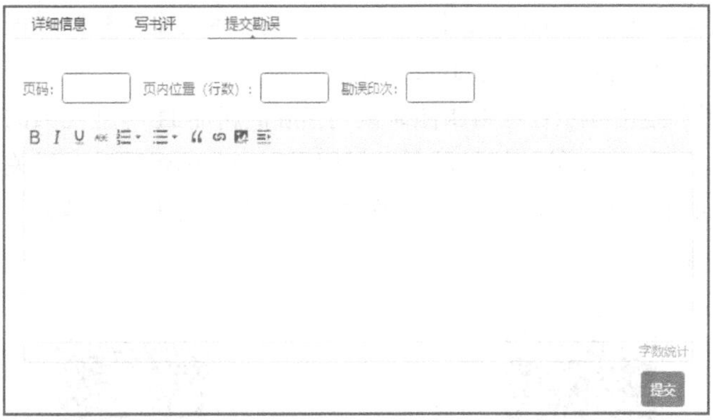

扫码关注本书

扫描下方二维码，您将会在异步社区微信服务号中看到本书信息及相关的服务提示。

与我们联系

我们的联系邮箱是 contact@epubit.com.cn。

如果您对本书有任何疑问或建议，请您发邮件给我们，并请在邮件标题中注明本书书名，以便我们更高效地做出反馈。

如果您有兴趣出版图书、录制教学视频，或者参与图书翻译、技术审校等工作，可以发邮件给我们；有意出版图书的作者也可以到异步社区在线提交投稿（直接访问 www.epubit.com/ selfpublish/submission 即可）。

如果您来自学校、培训机构或企业，想批量购买本书或异步社区出版的其他图书，也可以发邮件给我们。

如果您在网上发现有针对异步社区出品图书的各种形式的盗版行为，包括对图书全部或部分内容的非授权传播，请您将怀疑有侵权行为的链接发邮件给我们。您的这一举动是对作者权益的保护，也是我们持续为您提供有价值的内容的动力之源。

关于异步社区和异步图书

“异步社区”是人民邮电出版社旗下 IT 专业图书社区，致力于出版精品 IT 技术图书和相关学习产品，为作译者提供优质出版服务。异步社区创办于 2015 年 8 月，提供大量精品 IT 技术图书和电子书，以及高品质技术文章和视频课程。更多详情请访问异步社区官网 https://www.epubit.com。

“异步图书”是由异步社区编辑团队策划出版的精品 IT 专业图书的品牌，依托于人民邮电出版社近 30 年的计算机图书出版积累和专业编辑团队，相关图书在封面上印有异步图书的 LOGO。异步图书的出版领域包括软件开发、大数据、AI、测试、前端、网络技术等。

异步社区　　微信服务号

目录

第一部分　基础

第二部分　性能

第三部分 应用

第一部分　基础

这一部分的5章回顾程序设计的基础知识。第1章介绍一个问题的历史，我们把仔细的问题定义和直接的程序设计技术结合起来，得到优美的解决方案。这一章揭示了本书的中心思想：对实例研究的深入思考不仅很有趣，而且可以获得实际的益处。

第2章讨论3个问题，其中重点强调了如何由算法的融会贯通获得简单而高效的代码。第3章总结数据结构在软件设计中所起到的关键作用。

第4章介绍一个编写正确代码的工具——程序验证。在第9章、第11章和第14章中生成复杂（且快速）的函数时，大量使用了程序验证技术。第5章讲述如何把这些抽象的程序变成实际代码：使用脚手架程序来探测函数，用测试用例来测试函数并度量函数的性能。

本部分内容

第 1 章

开篇

一位程序员曾问我一个很简单的问题："怎样给一个磁盘文件排序？"想当年我是一上来就犯了错误，现在，在讲这个故事之前，先给大家一个机会，看看能否比我当年做得更好。你会怎样回答上述问题呢？

1.1 一次友好的对话

我错就错在马上回答了这个问题。我告诉他一些有关如何在磁盘上实现归并排序的简要思路。我建议他深入研究算法教材，他似乎不太感冒。他更关心如何解决这个问题，而不是深入学习。于是我告诉他在一本流行的程序设计书里有磁盘排序的程序。那个程序有大约 200 行代码和十几个函数，我估计他最多需要一周时间来实现和测试该代码。

我以为已经解决了他的问题，但是他的踌躇使我返回到了正确的轨道上。其后就有了下面的对话，楷体部分是我的问题。

为什么非要自己编写排序程序呢？为什么不用系统提供的排序功能呢？

我需要在一个大系统中排序。由于不明的技术原因，我不能使用系统中的文件排序程序。

需要排序的内容是什么？文件中有多少条记录？每条记录的格式是什么？

文件最多包含 1 000 万条记录，每条记录都是 7 位的整数。

等一下，既然文件这么小，何必非要在磁盘上进行排序呢？为什么不在内存里进行排序呢？

尽管机器有许多兆字节的内存，但排序功能只是大系统中的一部分，所以，估计到时只有 1 MB 的内存可用。

你还能告诉我其他一些与记录相关的信息吗？

每条记录都是 7 位的正整数，再无其他相关数据。每个整数最多只出现一次。

这番对话让问题更明确了。在美国，电话号码由 3 位“区号”后再跟 7 位数字组成。拨打含“免费”区号 800（当时只有这一个号码）的电话是不收费的。实际的免费电话号码数据库包含大量的信息：免费电话号码、呼叫实际中转到的号码（有时是几个号码，这时需要一些规则来决定哪些呼叫在什么时间中转到哪里）、主叫用户的姓名和地址等。

这位程序员正在开发这类数据库的处理系统的一小部分，需要排序的整数就是免费电话号码。输入文件是电话号码的列表（已删除所有其他信息），号码重复出现算出错。期望的输出文件是以升序排列的电话号码列表。应用背景同时定义了相应的性能需求。当与系统的会话时间较长时，用户大约每小时请求一次有序文件，并且在排序未完成之前什么都干不了。因此，排序最多只允许执行几分钟，10 秒是比较理想的运行时间。

1.2　准确的问题描述

对程序员来说，这些需求加起来就是：“如何给磁盘文件排序？”在试图解决这个问题之前，先将已知条件组织成一种更客观、更易用的形式。

输入：一个最多包含 n 个正整数的文件，每个数都小于 n，其中 $n = 10^7$。如果在输入文件中有任何整数重复出现就是致命错误。没有其他数据与该整数相关联。

输出：按升序排列的输入整数的列表。

约束：最多有（大约）1 MB 的内存空间可用，有充足的磁盘存储空间可用。运行时间最多几分钟，运行时间为 10 秒就不需要进一步优化了。

请花上一分钟思考一下该问题的规范说明。现在你打算给程序员什么样的建议呢？

1.3　程序设计

显而易见的方法是以一般的基于磁盘的归并排序程序为起点，但是要对其进行调整，因为我们是对整数进行排序。这样就可以将原来的 200 行程序减少为几十行，同时也使得程序运行得更快，但是完成程序并使之运行可能仍然需要几天的时间。

另一种解决方案更多地利用了该排序问题的特殊性。如果每个号码都使用 7 字节来存储，那么在可用的 1 MB 存储空间里大约可以存 143 000 个号码。如果每个号码都使用 32 位整数来表示的话，在 1 MB 存储空间里就可以存储 250 000 个号码。因此，可以使用遍历输入文件 40 趟的程序来完成排序。在第一趟遍历中，将 0 至 249 999 之间的任何整数都读入内存，并对这（最多）250 000 个整数进行排序，然后写到输出文件中。第二趟遍历排序 250 000 至 499 999 之间的整数，依次类推，到第 40 趟遍历的时候对 9 750 000 至 9 999 999 之间的整数进行排序。对内存中的排序来说，快速排序会相当高效，而且仅仅需要 20 行代码（见第 11 章）。于是，整个程序就可以通过一两页纸的代码实现。该程序拥有所期望的特性——不必考虑使用中间磁盘文件；但是，为此所付出的代价是要读取输入文件 40 次。

归并排序读入输入文件一次，然后在工作文件的帮助下完成排序并写入输出文件一次。工作文件需要多次读写。

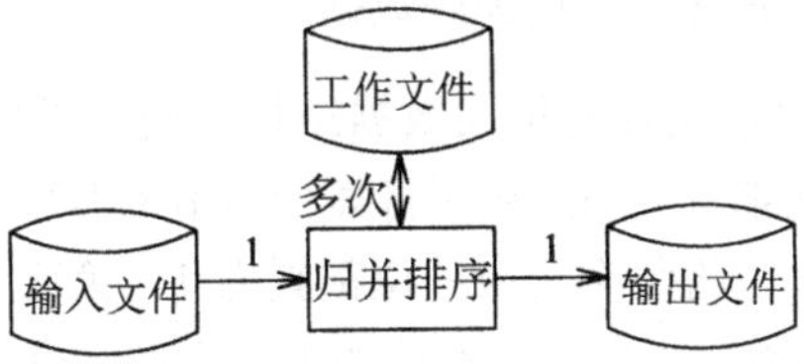

40 趟算法读入输入文件多次，写输出文件仅一次，不使用中间文件。

下图所示的方案更可取。我们结合上述两种方法的优点，读输入文件仅一次，且不使用中间文件。

只有在输入文件中的所有整数都可以在可用的 1 MB 内存中表示的时候才能够实现该方案。于是问题就归结为是否能够用大约 800 万个可用位来表示最多 1 000 万个互异的整数。考虑一种合适的表示方式。

1.4 实现概要

由是观之，应该用位图或位向量表示集合。可用一个 20 位长的字符串来表示一个所有元素都小于 20 的简单的非负整数集合。例如，可以用如下字符串来表示集合{1, 2, 3, 5, 8, 13}：

```
0 1 1 1 0 1 0 0 1 0 0 0 0 1 0 0 0 0 0 0
```

代表集合中数值的位都置为 1，其他所有的位都置为 0。

在我们的实际问题中，每个 7 位十进制整数表示一个小于 1 000 万的整数。我们使用一个具有 1 000 万个位的字符串来表示这个文件，其中，当且仅当整数 i 在文件中存在时，第 i 位为 1。（那个程序员后来找到了 200 万个稀疏位，习题 5 研究了最大存储空间严格限制为 1 MB 的情况。）这种表示利用了该问题的三个在排序问题中不常见的属性：输入数据限制在相对较小的范围内；数据没有重复；而且对于每条记录而言，除了单一整数外，没有任何其他关联数据。

若给定表示文件中整数集合的位图数据结构，则可以分三个自然阶段来编写程序。第一阶段将所有的位都置为 0，从而将集合初始化为空。第二阶段通过读入文件中的每个整数来建立集合，将每个对应的位都置为 1。第三阶段检验每一位，如果该位为 1，就输出对应的整数，由此产生有序的输出文件。令 n 为位向量中的位数（在本例中为 10 000 000），程序可以使用伪代码表示如下：

```
/* phase 1: initialize set to empty */
    for i = [0, n)
        bit[i] = 0
/* phase 2: insert present elements into the set */
    for each i in the input file
        bit[i] = 1
/* phase 3: write sorted output */
    for i = [0, n)
        if bit[i] == 1
            write i on the output file
```

（回想在前言中所提到的，*for* $i = [0, n)$表示在从 0 至 $n-1$ 的范围内对 i 进行迭代。）

这个实现概要已经足以解决那个程序员的问题了。习题 2、习题 5 和习题 7 描述了他会遇到的一些实现细节。

1.5　原理

那个程序员打电话把他的问题告诉我，然后我们花了大约一刻钟时间明确了问题所在，并找到了位图解决方案。他花了几小时来实现这个几十行代码的程序。该程序远远优于我们在电话刚开始时所担心的需要花费一周时间编写的几百行代码的那个程序。而且程序执行得很快：磁盘上的归并排序可能需要许多分钟的时间，该程序所需的时间只比读取输入和写入输出所需的时间多一点点——大约 10 秒。答案 3 包含了对完成该任务的几种不同程序的计时细节。

从这些事实中可以总结出该实例研究所得到的第一个结论：对小问题的仔细分析有时可以得到明显的实际益处。在该实例中，几分钟的仔细研究可以大幅削减代码的长度、程序员时间和程序运行时间。Chuck Yeager 将军（第一个超音速飞行的人）赞扬一架飞机的机械系统时用的词是“结构简单、部件很少、易于维护、非常坚固”，该程序拥有同样的属性。然而，当规范说明的某些因素发生改变时，该程序的特殊结构将很难修改。除了需要精巧的编程以外，该实例阐明了如下一般原理。

正确的问题。明确问题，这场战役就成功了 90%——我很庆幸程序员没有满足于我给出的第一个程序。一旦正确理解了问题，习题 10、习题 11 和习题 12 的答案都会很优雅。在查看提示和答案以前，请努力思考这些问题。

位图数据结构。该数据结构描述了一个有限定义域内的稠密集合，其中的每一个元素最多出现一次并且没有其他任何数据与该元素相关联。即使这些条件没有完全满足（例如，存在重复元素或额外的数据），也可以用有限定义域内的键作为一个表项更复杂的表格的索引，见习题 6 和习题 8。

多趟算法。这些算法多趟读入其输入数据，每次完成一步。在 1.3 节已经见到了一个 40 趟算法，习题 5 鼓励读者去完成一个两趟算法。

时间—空间折中与双赢。编程文献和理论中充斥着时间—空间的折中：通过使用更多的时间，可以减少程序所需的空间。例如，答案 5 中的两趟算法让程序运行时间加倍从而使空间减半。但我的经验常常是这样的：减少程序的空间需求也会减少其运行时间。[①]空间上高效的位图结构显著地减少了排序的运行时间。空间需求的减少之

① 折中在所有的工程领域中都存在。例如，汽车设计者可能会通过增加沉重的部件，用行驶里程的减少来换取更快的加速。但双赢是更好的结果。我对自己驾驶过的一辆小轿车做过一番研究，我观察到：“轿车基本结构重量的减少会使各底盘部件重量的进一步减少——甚至消除了对某些底盘部件的需求，例如转向助力系统。”

所以会导致运行时间的减少，有两个原因：需要处理的数据变少了，意味着处理这些数据所需的时间也变少了；同时将这些数据保存在内存中而不是磁盘上，进一步避免了磁盘访问的时间。当然了，只有在原始的设计远非最佳方案时，才有可能时空双赢。

简单的设计。Antoine de Saint-Exupéry 是法国作家兼飞机设计师，他曾经说过："设计者确定其设计已经达到了完美的标准不是不能再增加任何东西，而是不能再减少任何东西。"更多的程序员应该使用该标准来检验自己完成的程序。简单的程序通常比具有相同功能的复杂的程序更可靠、更安全、更健壮、更高效，而且易于实现和维护。

程序设计的阶段。这个实例揭示了 12.4 节详细描述的设计过程。

1.6 习题

部分习题的提示和答案可以在本书后面找到。

1. 如果不缺内存，如何使用一个具有库的语言来实现一种排序算法以表示和排序集合？
2. 如何使用位逻辑运算（如与、或、移位）来实现位向量？
3. 运行时效率是设计目标的一个重要组成部分，所得到的程序需要足够高效。在你自己的系统上实现位图排序并度量其运行时间。该时间与系统排序的运行时间以及习题 1 中排序的运行时间相比如何？假设 n 为 10 000 000，且输入文件包含 1 000 000 个整数。
4. 如果认真考虑了习题 3，你将会面对生成小于 n 且没有重复的 k 个整数的问题。最简单的方法就是使用前 k 个正整数。这个极端的数据集合将不会明显地改变位图方法的运行时间，但是可能会歪曲系统排序的运行时间。如何生成位于 0 至 n-1 之间的 k 个不同的随机顺序的随机整数？尽量使你的程序简短且高效。
5. 那个程序员说他有 1 MB 的可用存储空间，但是我们概要描述的代码需要 1.25 MB 的空间。他可以不费力气地索取到额外的空间。如果 1 MB 空间是严格的边界，你会推荐如何处理呢？你的算法的运行时间又是多少？
6. 如果那个程序员说的不是每个整数最多出现一次，而是每个整数最多出现 10 次，你又如何建议他呢？你的解决方案如何随着可用存储空间总量的变化而变化？
7. [R. Weil]本书 1.4 节中描述的程序存在一些缺陷。首先是假定在输入中没有出现两次的整数。如果某个数出现超过一次的话，会发生什么？在这种情况下，如何修改程序来调用错误处理函数？当输入整数小于零或大于等于 n 时，又会发生什么？如果某个输入不是数值又如何？在这些情况下，程序该如何处理？程序还应该包含哪些明智的检查？描述一些用以测试程序的小型数据集合，并说明如何正确处理上述以及其他的不良情况。

8. 当那个程序员解决该问题的时候，美国所有免费电话的区号都是 800。现在免费电话的区号包括 800、877 和 888，而且还在增多。如何在 1 MB 空间内完成对所有这些免费电话号码的排序？如何将免费电话号码存储在一个集合中，要求可以实现非常快速的查找以判定一个给定的免费电话号码是否可用或者已经存在？

9. 使用更多的空间来换取更少的运行时间存在一个问题：初始化空间本身需要消耗大量的时间。说明如何设计一种技术，在第一次访问向量的项时将其初始化为 0。你的方案应该使用常量时间进行初始化和向量访问，使用的额外空间应正比于向量的大小。因为该方法通过进一步增加空间来减少初始化的时间，所以仅在空间很廉价、时间很宝贵且向量很稀疏的情况下才考虑使用。

10. 在成本低廉的隔日送达时代之前，商店允许顾客通过电话订购商品，并在几天后上门自取。商店的数据库使用客户的电话号码作为其检索的主关键字（客户知道他们自己的电话号码，而且这些关键字几乎都是唯一的）。你如何组织商店的数据库，以允许高效的插入和检索操作？

11. 在 20 世纪 80 年代早期，洛克希德公司加利福尼亚州桑尼维尔市工厂的工程师们每天都要将许多由计算机辅助设计（CAD）系统生成的图纸从工厂送到位于圣克鲁斯市的测试站。虽然仅有 40 公里远，但使用汽车快递服务每天都需要一个多小时的时间（由于交通阻塞和山路崎岖），花费 100 美元。请给出新的数据传输方案并估计每一种方案的费用。

12. 载人航天的先驱们很快就意识到需要在外太空的极端环境下实现顺利书写。民间盛传美国国家宇航局（NASA）花费 100 万美元研发出了一种特殊的钢笔来解决这个问题。那么，前苏联又会如何解决相同的问题呢？

1.7　深入阅读

这个小练习仅仅是令人痴迷的程序说明问题的冰山一角。要深入研究这个重要的课题，参见 Michael Jackson[①] 的 *Software Requirements & Specifications* 一书（Addison-Wesley 出版社 1995 年出版）。该书用一组独立成章却又相辅相成的短文，以令人愉悦的方式阐述了这个艰涩的课题。

在本章所描述的实例研究中，程序员的主要问题与其说是技术问题，还不如说是心理问题：他不能解决问题，是因为他企图解决错误的问题。问题的最终解决，是通过打破他的概念壁垒，进而去解决一个较简单的问题而实现的。James L. Adams 所著的 *Conceptual Blockbusting* 一书（第 3 版由 Perseus 出版社于 1986 年出版）研究了这类跳跃，该书通常是触发创新性思维的理想选择。虽然该书不是专为程序员而写的，其中的许多内容却特别适用于编程问题。Adams 将概念壁垒定义为“阻碍解题者正确理解问题或取得答案的心智壁垒”。习题 10、习题 11 和习题 12 激励读者去打破一些这样的壁垒。

① Michael Jackson（1936—），软件工程先驱。他于 20 世纪 70 年代提出了影响深远的面向数据结构的 Jackson 方法。

——编者注

第 2 章

啊哈！算法

研究算法给实际编程的程序员带来许多好处。算法课教给学生完成重要任务的方法和解决新问题的技术。在后续的章节中将会看到，先进的算法工具有时候对软件系统影响很大——减少开发时间，同时使执行速度更快。

算法与其他那些深奥的思想一样重要，但在更一般的编程层面上具有更重要的影响。在《啊哈!灵机一动》一书中（本章的标题就借鉴了它），Martin Gardner[①]描述了深得我心的一个思想："看起来很困难的问题也可以有一个简单的、意想不到的答案。"与高级的方法不同，算法的*啊哈！灵机一动*并非只有在大量的研究以后才能出现；任何愿意在编程之前、之中和之后进行认真思考的程序员都有机会捕捉到这灵机一动。

2.1 三个问题

好了，泛泛的话讲得够多啦。本章将围绕三个小问题展开。在继续阅读以前，请先试着解决它们。

A. 给定一个最多包含 40 亿个随机排列的 32 位整数的顺序文件，找出一个不在文件中的 32 位整数（在文件中至少缺失一个这样的数——为什么？）。在具有足够内存的情况下，如何解决该问题？如果有几个外部的"临时"文件可用，但是仅有几百字节的内存，又该如何解决该问题？

B. 将一个 n 元一维向量向左旋转[②] i 个位置。例如，当 n=8 且 i=3 时，向量 *abcdefgh* 旋转为 *defghabc*。简单的代码使用一个 n 元的中间向量在 n 步内完成该工作。你

① Martin Gardner（1914—），美国著名的科普作家，主持《科学美国人》的数学游戏专栏 25 年，写作了大量文章和图书，有世界影响。——编者注

② 即循环移位。——审校者注

能否仅使用数十个额外字节的存储空间，在正比于 n 的时间内完成向量的旋转？

C. 给定一个英语字典，找出其中的所有变位词集合。例如，“pots”“stop”和“tops”互为变位词，因为每一个单词都可以通过改变其他单词中字母的顺序来得到。

2.2 无处不在的二分搜索

我想到的一个数在 1 到 100 之间，你来猜猜看。50？太小了。75？太大了。如此，游戏进行下去，直到你猜中我想到的数为止。如果我的整数位于 1 到 n 之间，那么你可以在 $\log_2 n$ 次之内猜中。如果 n 是 1 000，10 次就可以完成；如果 n 是 100 万，则最多 20 次就可以完成。

这个例子引出了一项可以解决众多编程问题的技术：*二分搜索*。初始条件是已知一个对象存在于一个给定的范围内，而一次探测操作可以告诉我们该对象是否低于、等于或高于给定的位置。二分搜索通过重复探测当前范围的中点来定位对象。如果一次探测没有找到该对象，那么我们将当前范围减半，然后继续下一次探测。当找到所需要的对象或范围为空时停止。

在程序设计中二分搜索最常见的应用是在有序数组中搜索元素。在查找项 50 时，算法进行如下探测。

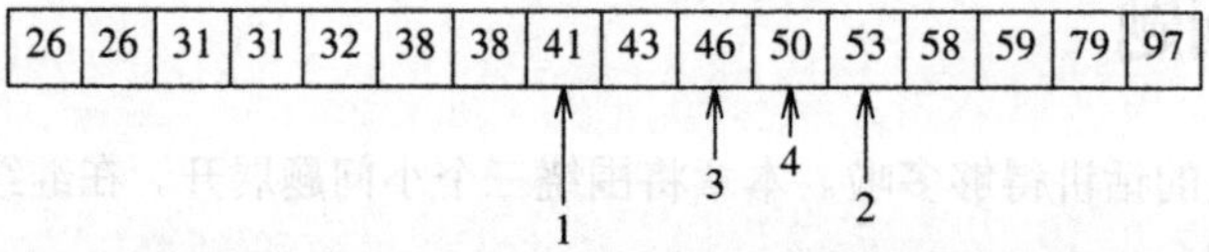

众所周知，二分搜索程序要正确运行很困难。在第 4 章中我们将详细研究其代码。

顺序搜索在搜索一个具有 n 个元素的表时，平均需要进行 $n/2$ 次比较，而二分搜索仅仅进行不超过 $\log_2 n$ 次的比较就可以完成。这在系统性能上会造成巨大的差异。下面的故事来自于《ACM 通讯》的实例研究“TWA Reservation System”。

> 我们有一个执行线性搜索的程序，可以在 1 秒钟内对一块非常巨大的内存块完成 100 次搜索。随着网络的增长，处理每条消息所需的平均 CPU 时间上升了 0.3 毫秒，这对我们来说是巨大的变化。我们发现问题的根源是线性搜索。把程序改为使用二分搜索以后，该问题消失了。

我在许多系统中也遇到过相同的问题。程序员在开始的时候使用简单的顺序搜索数据结构，这在开始的时候通常都足够快。当搜索变得太慢的时候，对表进行排序并使用二分搜索通常可以消除瓶颈。

但是二分搜索的故事并没有在快速搜索有序数组这里终止。Roy Weil 将该技术应用于清理一个约 1 000 行的输入文件，其中仅包含一个错误行。很不幸，肉眼看不出错误行。只能通过在程序中运行文件的一个（起始）部分并且观察到离奇错误的答案来辨别，这将会花费几分钟的时间。他的前任调试人员试图通过每次运行整个程序中的少数几行程序来找出错误行，但只在取得解决方案的道路上前进了一点点。Weil 是如何仅仅运行 10 次程序就找到罪魁祸首的呢？

经过前面的热身，我们现在来攻克问题 A。输入为顺序文件（考虑磁带或磁盘——虽然磁盘可以随机读写，但是从头至尾读取文件通常会快得多）。文件包含最多 40 亿个随机排列的 32 位整数，而我们需要找出一个不存在于该文件中的 32 位整数。（至少缺少一个整数，因为一共有 2^{32} 也就是 4 294 967 296 个这样的整数。）如果有足够的内存，可以采用第 1 章中介绍的位图技术，使用 536 870 912 个 8 位字节形成位图来表示已看到的整数。然而，该问题还问到在仅有几百字节内存和几个稀疏顺序文件的情况下如何找到缺失的整数？为了采用二分搜索技术，就必须定义一个范围、在该范围内表示元素的方式以及用来确定哪一半范围存在缺失整数的探测方法。如何来实现呢？

我们采用已知包含至少一个缺失元素的一系列整数作为范围，并使用包含所有这些整数在内的文件表示这个范围。灵机一动的结果是通过统计中间点之上和之下的元素来探测范围：或者上面或者下面的范围具有至多全部范围的一半元素。由于整个范围中有一个缺失元素，因此我们所需的那一半范围中必然也包含缺失的元素。这些就是解决该问题的二分搜索算法所需要的主要想法。在翻阅答案查看 Ed Reingold 是如何做的以前，请尝试将这些想法组织起来。

对于二分搜索技术在程序设计中的应用来说，这些应用仅仅是皮毛而已。求根程序使用二分搜索技术，通过连续地对分区间来求解单变量方程式（数值分析家称之为对分法）。当答案 11.9 中的选择算法区分出一个随机元素以后，就对该元素一侧的所有元素递归地调用自身（这是一种随机二分搜索）。其他使用二分搜索的地方包括树数据结构和程序调试（当程序没有任何提示就意外中止时，你会从源代码中哪一部分开始探测来定位错误语句呢？）。在上述的每个例子中，分析程序并对二分搜索算法做些许修改，可以带给程序员功能强大的啊哈！灵机一动。

2.3 基本操作的威力

二分搜索是许多问题的解决方案，下面研究一个有几种解决方案的问题。问题B仅使用几十字节的额外空间将一个 n 元向量 x 在正比于 n 的时间内向左旋转 i 个位置。该问题在应用程序中以各种不同的伪装出现。在一些编程语言中，该功能是向量的一个基本操作。更重要的是，旋转操作对应于交换相邻的不同大小的内存块：每当拖动文件中的一块文字到其他地方时，就要求程序交换两块内存中的内容。在许多应用场合下，运行时间和存储空间的约束会很严格。

可以通过如下方式解决该问题：首先将 x 的前 i 个元素复制到一个临时数组中，然后将余下的 $n-i$ 个元素向左移动 i 个位置，最后将最初的 i 个元素从临时数组中复制到 x 中余下的位置。但是，这种办法使用的 i 个额外的位置产生了过大的存储空间的消耗。另一种方法是定义一个函数将 x 向左旋转一个位置（其时间正比于 n）然后调用该函数 i 次。但该方法又产生了过多的运行时间消耗。

要在有限的资源内解决该问题，显然需要更复杂的程序。有一个成功的方法有点像精巧的杂技动作：移动 $x[0]$ 到临时变量 t，然后移动 $x[i]$ 至 $x[0]$，$x[2i]$ 至 $x[i]$，依次类推（将 x 中的所有下标对 n 取模），直至返回到取 $x[0]$ 中的元素，此时改为从 t 取值然后终止过程。当 i 为 3 且 n 为 12 时，元素按如下顺序移动。

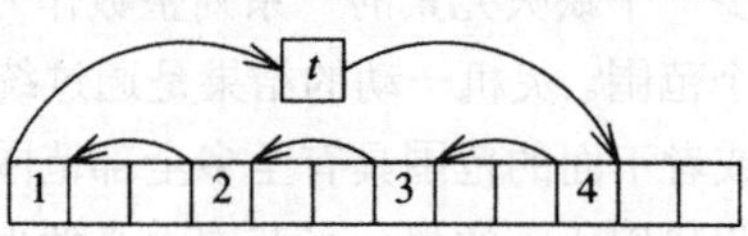

如果该过程没有移动全部元素，就从 $x[1]$ 开始再次进行移动，直到所有的元素都已经移动为止。习题 3 要求读者将该思想还原为代码，务必小心。

从另外一面考察这个问题，可以得到一个不同的算法：旋转向量 x 其实就是交换向量 ab 的两段，得到向量 ba。这里 a 代表 x 中的前 i 个元素。假设 a 比 b 短，将 b 分为 b_l 和 b_r，使得 b_r 具有与 a 相同的长度。交换 a 和 b_r，也就将 ab_lb_r 转换为 b_rb_la。序列 a 此时已处于其最终的位置，因此现在的问题就集中到交换 b 的两部分。由于新问题与原来的问题具有相同的形式，我们可以递归地解决之。使用该算法可以得到优雅的程序（答案 3 描述了 Gries 和 Mills 的迭代解决方案），但是需要巧妙的代码，并且要进行一些思考才能看出它的效率足够高。

问题看起来很难，除非最终获得了*啊哈！灵机一动*：我们将问题看作是把数组 ab 转换成 ba，同时假定我们拥有一个函数可以将数组中特定部分的元素求逆。从 ab 开始，首先对 a 求逆，得到 $a^r b$，然后对 b 求逆，得到 $a^r b^r$。最后整体求逆，得到 $(a^r b^r)^r$。此时就恰好是 ba。于是，我们得到了如下用于旋转的代码，其中注释部分表示 *abcdefgh* 向左旋转三个位置以后的结果。

```
reverse(0,i-1)    /* cbadefgh */
reverse(i,n-1)    /* cbahgfed */
reverse(0,n-1)    /* defghabc */
```

Doug McIlroy[①]给出了将十元数组向上旋转 5 个位置的翻手例子。初始时掌心对着我们的脸，左手在右手上面。

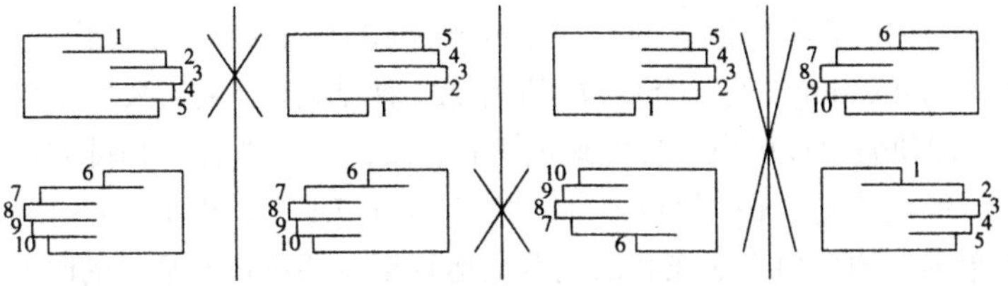

翻转左手　　翻转右手　　翻转双手

翻转代码在时间和空间上都很高效，而且代码非常简短，很难出错。Brian Kernighan[②]和 P. J. Plauger[③]在其 1981 年出版的 *Software Tools in Pascal* 一书中，就使用该代码在文本编辑器中实现了行的移动。Kernighan 报告称在第一次执行的时候程序就正确运行了，而他们先前基于链表的处理相似任务的代码则包含几个错误。该代码用在几个文本处理系统中，其中包括我最初用于录入本章内容的文本编辑器。Ken Thompson[④]在 1971 年编写了编辑器和这种求逆代码，甚至在那时就主张把该代码当作一种常识。

---

① Doug McIlroy（1932—），著名计算机科学家，美国工程院院士，现为达特茅斯学院兼职教授。他于 1968 年第一个提出了软件组件的概念。他参与设计了 PL/I 和 C++语言、Multics 和 Unix 操作系统。Unix 上许多工具是他开发的，包括 *diff*、*echo*、*sort*、*spell* 和 *join* 等，管道实现也由他首创。他曾长期担任贝尔实验室计算技术研究部主任，并曾任 ACM 图灵奖主席。——编者注

② Brian Kernighan（1942—）著名计算机科学家，现为普林斯顿大学教授。他与人合作创造了 Awk 和 AMPL 编程语言，对 Unix 和 C 语言的设计也有很大贡献。他还与人合写了多部计算机名著，包括与 Ritchie 合著的 *The C Programming Language*。——编者注

③ P. J. Plauger，著名 C/C++语言专家，现为著名标准库开发商 Dinkumware 总裁。他曾担任 ISO C 标准委员会负责人，著有名著《C 标准库》（中文版由人民邮电出版社出版）。——编者注

④ Ken Thompson（1943—），著名计算机科学家，1983 年图灵奖得主。现为 Google 杰出工程师。他是 Unix 操作系统的主要设计者，并设计了 C 语言的前身 B 语言。——编者注

2.4 排序

现在我们来讨论问题 C。给定一本英语单词字典（每个输入行是一个由小写字母组成的单词），要求找出所有的变位词分类。研究这个问题可以举出许多理由。首先是技术上的：获得这个问题的解决方案需要既具有正确的视角又能使用正确的工具。第二个理由更具有说服力：你总不想成为聚会中唯一一个不知道“deposit”“dopiest”“posited”和“topside”是变位词的人吧？如果这些理由还嫌不够，可以看一下习题 6 描述的现实系统中的一个相似的问题。

解决这个问题的许多方法都出奇地低效和复杂。任何一种考虑单词中所有字母的排列的方法都注定了要失败。单词“cholecystoduodenostomy”（我的字典中单词“duodenocholecystostomy”的一个变位词）有 22！种排列，少量的乘法运算表明 $22! \approx 1.124\times10^{21}$。即使假设以闪电一样的速度每百亿分之一秒执行一种排列，这也要消耗 1.1×10^9 秒。经验法则“π 秒就是一个纳世纪”（见 7.1 节）指出 1.1×10^9 是数十年。而比较所有单词对的任何方法在我的机器上运行至少要花费一整夜的时间——在我使用的字典里有大约 230 000 个单词，而即使是一个简单的变位词比较也将花费至少 1 微秒的时间，因此，总时间估算起来就是

230 000 单词×230 000 比较/单词×1 微秒/比较=52 900×10^6 微秒=52 900 秒≈14.7 小时

你能够找到同时避免上述缺陷的方法吗？

我们获得的啊哈！灵机一动就是标识字典中的每一个词，使得在相同变位词类中的单词具有相同的标识。然后，将所有具有相同标识的单词集中在一起。这将原始的变位词问题简化为两个子问题：选择标识和集中具有相同标识的单词。在进一步阅读之前，先好好想想这些问题。

对第一个问题，我们可以使用基于排序的标识[①]：将单词中的字母按照字母表顺序排列。“deposit”的标识就是“deiopst”，这也是“dopiest”和其他任何在该类中的单词的标识。要解决第二个问题，我们将所有的单词按照其标识的顺序排序。我所知道的关于该算法的最好描述就是 Tom Cargill 的翻手表示：先用一种方式排序（水平翻手），再用另一种方式排序（垂直翻手）。2.8 节描述了该算法的一个实现。

① 该变位词算法是由许多人各自独立发现的，至少可以追溯到 20 世纪 60 年代中期。

2.5　原理

排序。排序最显而易见的用处是产生有序的输出，该输出既可以是系统规范要求的一部分，也可以是另一个程序（也许是一个二分搜索程序）的前期准备工作。但是在变位词问题中，排序并不是关注的焦点。排序是为了将相等的元素（本例中为标识）集中到一起。这些标识产生了另外一个排序应用：将单词内字母排序使得同一个变位词类中的单词具有标准型。通过给每条记录添加一个额外的键，并按照这些键进行排序，排序函数可以用于重新排列磁盘文件中的数据。在第三部分，我们还会多次回顾排序这个主题。

二分搜索。该算法在有序表中查找元素时极为高效，并且可用于内存排序或磁盘排序。唯一的缺陷就是整个表必须已知并且事先排好序。基于该简单算法的思想在许多应用程序中都有应用。

标识。当使用等价关系来定义类时，定义一种标识使得类中的每一项都具有相同的标识，而该类以外的其他项则没有该标识，这是很有用的。对单词中的字母排序可以产生一个用于变位词类的标识。其他标识通过排序给出。然后使用一个计数来代表重复的次数（于是标识“mississippi”可以写成“i4m1p2s4”或将 1 省略——“i4mp2s4”）。也可以使用一个包含 26 个整数的数组来标识每个字母出现的次数。标识的其他应用包括：美国联邦调查局用来索引指纹的方法，以及用来识别读音相同但是拼写不同的名字的 Soundex 启发式方法：

名字	Soundex 标识
Smith	s530
Smythe	s530
Schultz	s243
Shultz	s432

Knuth[①]在其 *The Art of Computer Programming, Volume 3: Sorting and Sear ching*[②]一书的

① Don Knuth（1938—），中文名高德纳，著名计算机科学家，斯坦福大学荣休教授。因对算法分析和编程语言设计领域的贡献获 1974 年图灵奖。他是名著 *The Art of Computer Programming* 的作者，设计了 $\TeX$ 排版系统。——编者注

② 该书第 2 版英文影印版已由清华大学出版社引进出版，中文书名《计算机程序设计艺术　第 3 卷　排序和查找》，中译版已由国防工业出版社出版，中文书名《计算机程序设计艺术　第 3 卷　排序与查找》。——编者注

第 6 章描述了 Soundex 方法。

问题定义。第 1 章指出确定用户的真实需求是程序设计的根本。本章的中心思想是问题定义的下一步：使用哪些基本操作来解决问题？在本章的每个例子中，啊哈！灵机一动都定义了一个新的基本操作使得问题得到简化。

问题解决者的观点。优秀程序员都有点懒：他们坐下来并等待灵机一动的出现而不急于使用最开始的想法编程。当然，这必须通过在适当的时候开始写代码来加以平衡。真正的技能就在于对这个适当时候的把握，这只能来源于解决问题和反思答案所获得的经验。

2.6　习题

1. 考虑查找给定输入单词的所有变位词问题。仅给定单词和字典的情况下，如何解决该问题？如果有一些时间和空间可以在响应任何查询之前预先处理字典，又会如何？

2. 给定包含 4 300 000 000 个 32 位整数的顺序文件，如何找出一个出现至少两次的整数？

3. 前面涉及了两个需要精巧代码来实现的向量旋转算法。将其分别作为独立的程序实现。在每个程序中，i 和 n 的最大公约数如何出现？

4. 几位读者指出，既然所有的三个旋转算法需要的运行时间都正比于 n，杂技算法的运行速度显然是求逆算法的两倍。杂技算法对数组中的每个元素仅存储和读取一次，而求逆算法需要两次。在实际的计算机上进行实验以比较两者的速度差异，特别注意内存引用位置附近的问题。

5. 向量旋转函数将向量 ab 变为 ba。如何将向量 abc 变为 cba？（这对交换非相邻内存块的问题进行了建模）。

6. 20 世纪 70 年代末期，贝尔实验室开发出了“用户操作的电话号码簿辅助程序”，该程序允许雇员使用标准的按键电话在公司电话号码簿中查找电话号码。

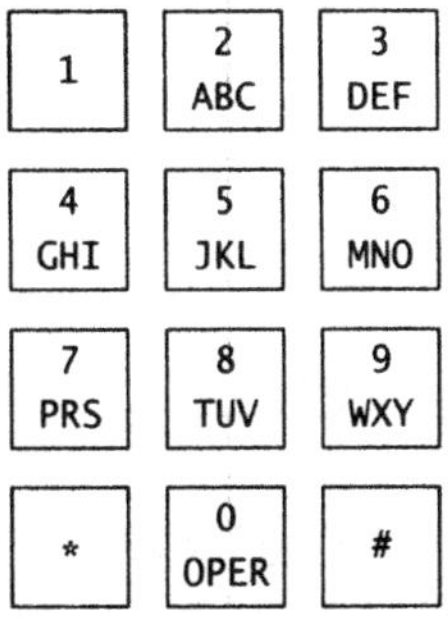

要查找该系统设计者的名字 Mike Lesk①，可以按"LESK*M*"（也就是"5375*6*"），随后，系统会输出他的电话号码。这样的服务现在随处可见。该系统中出现的一个问题是，不同的名字有可能具有相同的按键编码。在 Lesk 的系统中发生这种情况时，系统会询问用户更多的信息。给定一个大的名字文件（例如标准的大城市电话号码簿），如何定位这些"错误匹配"呢？（当 Lesk 在这种规模的电话号码簿上做实验时，他发现错误匹配发生的概率仅仅是 0.2%。）如何实现一个以名字的按键编码为参数，并返回所有可能的匹配名字的函数？

7. 在 20 世纪 60 年代早期，Vic Vyssotsky 与一个程序员一起工作，该程序员需要转置一个存储在磁带上的 4 000×4 000 的矩阵（每条记录的格式相同，为数十字节）。他的同事最初提出的程序需要运行 50 小时。Vyssotsky 如何将运行时间减少到半小时呢？

8. [J. Ullman]给定一个 n 元实数集合、一个实数 t 和一个整数 k，如何快速确定是否存在一个 k 元子集，其元素之和不超过 t？

9. 顺序搜索和二分搜索代表了搜索时间和预处理时间之间的折中。处理一个 n 元表格时，需要执行多少次二分搜索才能弥补对表进行排序所消耗的预处理时间？

10. 某一天，一个新研究员向托马斯·爱迪生报到。爱迪生要求他计算出一个空灯泡壳的容积。在使用测径仪和微积分进行数小时的计算后，这个新员工给出了自己的答案——150 cm^3。而爱迪生在几秒钟之内就计算完毕并给出了结果"更接近 155"。他是如何实现的呢？

① Mike Lesk，著名程序员，ACM 会士，美国工程院院士，现任 Rutgers 大学教授兼系主任。他在贝尔实验室工作期间开发了大量工具，包括 lex、uucp 和 stdio.h 的前身。他领导了美国 NSF 数字图书馆计划，该计划支持了斯坦福大学搜索引擎研究项目，促生了 Google。——编者注

2.7 深入阅读

8.8 节列出了算法方面的几本好书。

2.8 变位词程序的实现（边栏）①

我的变位词程序按三个阶段的“管道”组织，其中一个程序的输出文件作为下一个程序的输入文件。第一个程序标识单词，第二个程序排序标识后的文件，而第三个程序将这些单词压缩为每个变位词类一行的形式。下面是一个仅有 6 个单词的字典的处理过程。

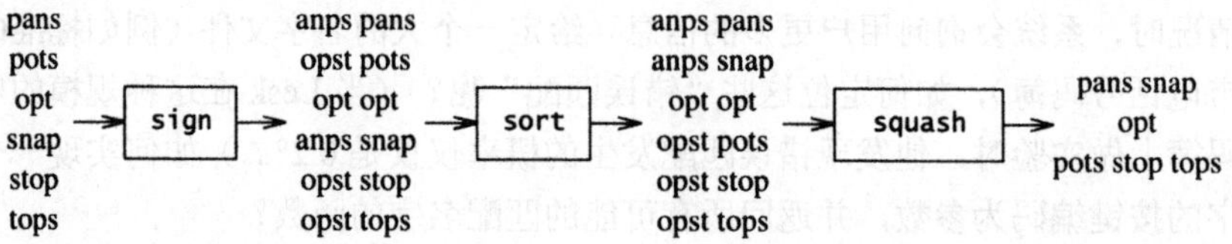

输出包括三个变位词类。

下面的 C 语言 *sign* 程序假定没有超过 100 个字母的单词，并且输入文件仅包含小写字母和换行符。（因此我使用了一个一行的命令对字典进行预处理，将其中的大写字母改为小写字母。）

```
int charcomp(char *x, char *y) { return *x - *y;}

#define WORDMAX 100
int main(void)
{   char word[WORDMAX], sig[WORDMAX];
    while (scanf("%s", word) !=EOF) {
        strcpy(sig, word);
        qsort(sig, strlen(sig), sizeof(char), charcomp);
        printf("%s %s\n", sig, word);
    }
    return 0;
}
```

① 边栏在杂志的文章中是处在正文之外的，通常是页边上的一列。它们本质上不是专栏的一部分，仅仅提供了关于材料的一些观点。在本书中，它们作为每章的最后一节出现，用“（边栏）”来标记。

while 循环每次读取一个字符串到 *word* 中，直至文件末尾为止。*strcpy* 函数复制输入单词到单词 *sig* 中，然后调用 C 标准库函数 *qsort* 对单词 *sig* 中的字母进行排序（参数是待排序的数组、数组的长度、每个待排序项的字节数以及比较两个项的函数名。在本例中，待比较项为单词中的字母）。最后，*printf* 语句依次打印标识、单词本身和换行符。

系统 *sort* 程序将所有具有相同标识的单词归拢到一起。*squash* 程序在同一行中将其打印出来。

```
int main(void)
{  char word[WORDMAX], sig[WORDMAX], oldsig[WORDMAX];
   int linenum = 0;
   strcpy(oldsig, "");
   while (scanf("%s %s", sig, word) != EOF) {
       if (strcmp(oldsig, sig) !=0 && linenum >0)
          printf("\n");
       strcpy(oldsig, sig);
       linenum++;
       printf("%s ", word);
   }
   printf("\n");
   return 0;
}
```

大部分工作都是使用第二个 *printf* 语句来完成的。对每一个输入行，该语句输出第二个字段，后面跟一个空格。*if* 语句捕捉标识之间的差异。如果 *sig* 与 *oldsig*（其上一次的值）不同，那么就打印换行符（文件中的第一条记录除外）。最后一个 *printf* 输出最后一个换行符。

在使用小输入文件对这些简单部分进行测试后，我通过下面的命令构建了变位词列表：

```
sign <dictionary | sort | squash >gramlist
```

该命令将文件 *dictionary* 输入到程序 *sign*，连接 *sign* 的输出至 *sort*，连接 *sort* 的输出至 *squash*，并将 *squash* 的输出写入文件 *gramlist*。程序的运行时间为 18 秒：*sign* 用时 4 秒、*sort* 用时 11 秒而 *squash* 用时 3 秒。

我在一个包含 230 000 个单词的字典上运行了该程序。然而，不包括众多的-s 和-ed 后缀。以下是一些很有趣的变位词类。

```
subessential suitableness
canter creant cretan nectar recant tanrec trance
caret carte cater crate creat creta react recta trace
destain instead sainted satined
adroitly dilatory idolatry
least setal slate stale steal stela tales
reins resin rinse risen serin siren
constitutionalism misconstitutional
```

第 3 章

数据决定程序结构[①]

多数程序员都接触过这样的程序，即使是优秀程序员多数也都至少编写过一个这样的程序：庞大、混乱、丑陋的程序，而它们本应该可以写得短小、清晰、漂亮。我曾经见过几个程序，本质上它们就相当于如下代码：

```
if (k ==   1)  c001++
if (k ==   2)  c002++
    ...
if (k == 500)  c500++
```

虽然这些程序确实也完成了稍微复杂一些的任务，但是基本上可以认为它们的作用只是数了数文件中 1～500 每个整数出现的次数。每个程序的代码都超过了 1 000 行。今天的程序员多数都会立即意识到，自己可以编写一个长度仅为其零头的程序来完成该任务，方法就是使用一种不同的数据结构——一个有 500 个元素的数组来代替 500 个独立的变量。

因此，本章标题的完整意义是：恰当的数据视图实际上决定了程序的结构。本章描述了多种不同的程序，这些程序都可以通过重新组织内部数据而变得更小（并且更好）。

3.1 一个调查程序

下面要研究的这个程序统计了某个学院的学生所填写的近 2 万份调查表。其部分输出如下所示：

---

① 原文为“Data Structures Programs”，其中 structure 为动词。本章深刻阐述了对数据的理解和具体表现形式的选择对程序的影响。——编者注

	Total	US Citi	Perm Visa	Temp Visa	Male	Female
African American	1 289	1 239	17	2	684	593
Mexican American	675	577	80	11	448	219
Native American	198	182	5	3	132	64
Spanish Surname	411	223	152	20	224	179
Asian American	519	312	152	41	247	270
Caucasian	16 272	15 663	355	33	9 367	6 836
Other	225	123	78	19	129	92
Totals	19 589	18 319	839	129	11 231	8 253

因为一些人没有回答全部问题，所以每个族裔组的男女人数之和比总人数略少。实际的输出则更为复杂。上面给出了全部的七行以及总数行，但仅有 6 列，分别代表总人数和另外两个大类：身份状态和性别。在实际问题中，共有 25 列分别代表 8 个大类，以及 3 页相似的输出：两页分别代表两个独立的学院，而另一页为这两者的总和。此外，还需要打印其他一些密切相关的表，例如拒绝回答每个问题的学生的数目。每份调查表使用一条记录来表示。在每条记录中，项 0 为族裔组，编码为 0～7 的整数（分别对应每一个族裔和“拒绝回答”），项 1 为学院（编码为 0～2 的整数），项 2 为身份状态，依次类推，直到项 8。

程序员按照该系统分析员提供的高层设计来编写程序。在努力工作了两个月并完成了 1 000 行代码以后，程序员估计自己才完成了一半的工作量。在阅读了原始设计之后，我理解了该程序员的困境：程序使用 350 个不同的变量来实现——25 列乘以 7 行，再乘以 2 页。完成变量声明之后，程序采用一系列的嵌套逻辑来判定在读入每条记录时，应该增加哪个变量。请用几分钟的时间思考一下这个问题，看看你会如何实现。

关键的决定是应当使用数组来存储这些数。作下一个决定则更难：该数组应该按照其输出的结构（学院、族裔组和 25 列）来组织，还是应该按照其数据输入的结构（学院、族裔组、大类和大类中的数值）来组织？忽略学院信息，上述方法可以表示如下：

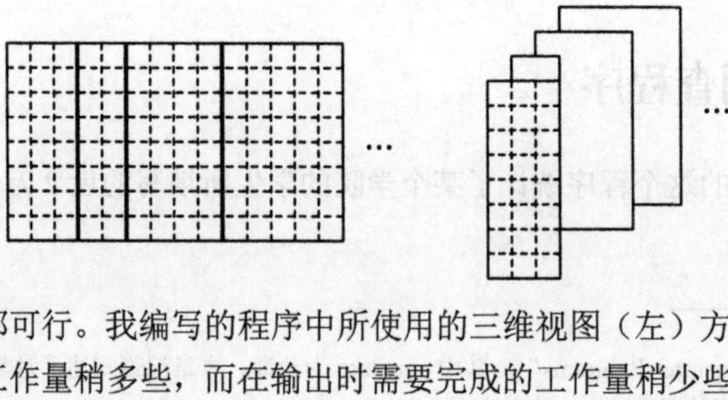

这两种方法都可行。我编写的程序中所使用的三维视图（左）方法在数据读取的时候需要完成的工作量稍多些，而在输出时需要完成的工作量稍少些。程序由 150 行代码组成：80 行构建该表，30 行产生前述的输出，40 行用来产生其他的表。

上述的计数程序和调查程序都过于庞大。两者都包含大量的用一个数组就可以代替的变量。将代码的长度减少一个数量级不仅可以得到开发周期更短的正确程序，而且更易于测试和维护。虽然在这两个应用中差别不是很大，但是，这两个小程序在运行时间和存储空间上还是会比大程序更高效。

在小程序可以完成任务的情况下，为什么程序员非要编写大程序呢？一个原因是他们缺少在 2.5 节中提到的重要的惰性。他们急于完成其最初的想法。在前面描述的两个问题中，有更深层次的原因：程序员在考虑该问题时受到了语言的限制。在他们所用的编程语言中，数组通常是固定的表格，并且必须在程序开始的时候初始化，此后不能再改变。在 1.7 节提到的 James Adams 的书中，他会说程序员遇到了"概念壁垒"，阻碍了计数器动态数组的使用。

导致程序员犯这类错误的原因还有很多。在准备编写这一章内容时，我在自己的调查程序中发现了一个类似的例子。程序的主输入循环由 8 个 5 条语句的块构成，共计 40 行代码。前两个语句块可以表示如下：

```
ethnicgroup = entry[0]
campus = entry[1]
if entry[2] == refused
    declined[ethnicgroup, 2]++
else
    j = 1 + entry[2]
    count[campus, ethnicgroup, j]++
if entry[3] == refused
    declined[ethnicgroup, 3]++
else
    j = 4 + entry[3]
    count[campus, ethnicgroup, j]++
```

将数组 *offset* 初始化为 0, 0, 1, 4, 6, …以后，我使用 6 行代码取代了原来的 40 行代码。

```
for i = [2, 8]
    if entry[i] == refused
        declined[ethnicgroup, i]++
else
        j = offset[i] + entry[i]
        count[campus, ethnicgroup, j]++
```

我对代码长度减少了一个数量级太满意了，结果忽视了另一个就在眼皮底下的问题。

3.2 格式信函编程

在常去的网店键入你的名字和密码并成功登录以后，弹出的下一页网页类似这样：

```
Welcome back,Jane!
We hope that you and all the members
of the Public family are constantly
reminding your neighbors there
on Maple Street to shop with us.
AS usual,we will ship your order to
    Ms. Jane Q. public
    600 Maple Street
    Your Town, Iowa 12345
...
```

作为程序员，你会意识到隐藏在这一幕之后所发生的事情——计算机在数据库中查找你的用户名并返回如下所示的字段：

```
Public|Jane|Q|Ms.|600|Maple Street|Your Town|Iowa|12345
```

但是，程序如何依据你的个人数据库记录来构建这个定制的网页呢？急躁的程序员可能会试图按照下面所示的方式开始编写程序：

```
read lastname, firstname, init, title, streetnum,
     streetname, tomn, state, zip
print "Welcome back,",firstname, "!"
print "We hope that you and all the members"
print "of the", lastname, "family are constantly"
print "reminding your neighbous there"
print "on", streetname, "to shop with us. "
print "As usual, we will ship your order to"
print "  ",title, firstname, init ".", lastname
print "  ", streetnum, streetname
print "  ", town ",", state, zip
...
```

这样的程序很有诱惑性，但是也很乏味。

一个更巧妙的方法是编写一个**格式信函发生器**（form letter generator）。该发生器基于下面所示的**格式信函模板**（form letter schema）：

```
Welcome back, $1!
We hope that you and all the members
of the $0 family are constantly
reminding your neighbors there
on $5 to shop with us.
As usual, we will ship your order to
    $3 $1 $2. $0
    $4 $5
    $6, $7 $8
  ...
```

符号$i 代表记录中的第 *i* 个字段。于是，$0 代表姓，等等。模板使用下面的伪代码来解释。在伪代码中，文字符号$在输入模板中记为$$。

```
read fields from database
loop from start to end of schema
    c = next character in schema
    if c ! ='$'
        printchar c
    else
        c = next character in schema
        case c of
            '$':      printchar '$'
            '0' - '9': printstring field[c]
            default:  error("bad schema")
```

在程序中，该模板使用一个长字符串数组表示。数组中的文本行以换行符结束。（Perl 和其他脚本语言使其更容易实现。可以使用形如$*lastname* 的变量。）

编写该发生器和模板程序比编写显而易见的程序要简单些。将数据从控制中分离会获得许多好处：如果重新设计信函，那么模板可以使用文本编辑器来修改，从而第二个特定页的准备会很简单。

报表模板的概念曾极大地简化了我维护过的一个 5 300 行代码的 Cobol 程序。程序的输入是家庭财务状况的描述，其输出是一个小册子，总结了财务现状并推荐未来理财策略。这里是一些相关数值：120 个输入字段、18 页上的 400 行输出语句、300 行用来清除输入数据的代码、800 行用于计算的代码以及 4 200 行用于输出的代码。

据我估算：4 200 行的输出代码可以使用一个最多几十行代码的解释程序和一个 400 行的模板来代替，而代码的计算部分保持不变。按这种形式编写原始程序所得到的 Cobol 代码的长度至多为原来的三分之一，并且维护起来也容易得多。

3.3 一组示例

菜单。我希望我的 Visual Basic 程序的用户可以通过点击菜单项来实现在几个选项之间的选择。我浏览了一系列的优秀示例程序，发现了一个允许用户在选项中进行八选一操作的程序。查看该菜单对应的代码，得到如下所示的选项 0 的代码：

```
sub menuitem0_click()
    menuitem0.checked = 1
    menuitem1.checked = 0
    menuitem2.checked = 0
    menuitem3.checked = 0
    menuitem4.checked = 0
    menuitem5.checked = 0
    menuitem6.checked = 0
    menuitem7.checked = 0
```

选项 1 的代码几乎是一样的，相异的部分如下：

```
sub menuitem1_click()
    menuitem0.checked = 0
    menuitem1.checked = 1
    ...
```

依次类推，选项 2 至选项 7 亦是如此。总而言之，菜单项的选择总计需要大约 100 行代码。

我自己编写的程序也与之相似。我从有两个选项的菜单着手编程，此时的代码是合理的。当我添加第三个、第四个和后续的选项时，我为代码所具有的功能而倍感兴奋，以至于没能停下来去整理混乱的代码。

稍作观察以后，可以将大部分代码转化为一个函数 *uncheckall*，该函数将每个 *checked* 字段置 0。于是第一个函数变成：

```
sub menuitem0_click()
    uncheckall
    menuitem0.checked = 1
```

但是，此时的代码中还是有 7 个相似的函数。

幸运的是，Visual Basic 支持菜单选项数组。因此可以将 8 个相似的函数使用一个函数表示：

```
sub menuitem_click(int choice)
    for i = [0, numchoices)
        menuitem[i].checked = 0
    menuitem[choice].checked = 1
```

将重复的代码使用通用的函数表示，使程序由 100 行减少至 25 行，而数组的恰当使用又使代码减至 4 行。添加下一个选择也更容易，并且可能存在错误的程序现在犹如水晶一般晶莹剔透。该方法仅仅使用了几行代码就解决了我的问题。

出错信息。混乱系统的数百个出错信息散布在所有代码中。同时，这些出错信息又与其他输出语句混杂在一起。而清晰系统则通过一个专用函数来访问这些出错信息。考虑一下分别使用“混乱”和“清晰”两种组织形式来实现下面这种需求的难度：产生所有可能的出错信息列表，使每个“严重”出错信息产生一声报警并将出错信息翻译成法语或德语。

日期函数。给定年份和该年中的某一天，返回该天所处的月份和月中的日子。例如，2004 年的第 61 天是 3 月 1 日。在其 *Elements of Programming Style* 中，Kernighan 和 Plauger 给出了一个直接从他人的程序中摘录出来的实现该任务的 55 行程序。随后，他们用一个 5 行的程序解决了该问题，该程序用到了一个有 26 个整数的数组。习题 4 介绍了关于日期函数表示的问题。

单词分析。许多计算问题都是由英文单词的分析引起的。在 13.8 节将会看到拼写检查器如何使用“后缀去除”来精简字典：例如单词“laugh”就不存储其所有的不同结尾（“-ing”“-s”“-ed”等）。语言学家们已经得出了对应这些任务的一系列法则。1973 年，Doug McIlroy 在编写他的第一个实时文本语音合成器的时候，就知道代码并不适合表示这些法则。他更愿意使用 1 000 行代码和一个 400 行的表来实现。有人尝试在不增加表的情况下修改程序，其结果是增加 20%的内容就需要增加 2 500 行额外的代码。McIlroy 声称他现在可以通过增加更多的表，使用少于 1 000 行的代码来完成该扩充任务。需要自己尝试一下类似的法则集的话，见习题 5。

3.4　结构化数据

什么才是结构清晰的数据？随着时间的推移，其标准也在逐步提高。早些年，结构化数据就意味着选择恰当的变量名。后来，在程序员使用平行数组（parallel array）[①]或寄存器偏移量的地方，编程语言加入了记录或结构以及指向它们的指针。我们学会了使用名为 *insert* 或 *search* 的函数来代替处理数据的代码，这有助于在改变数据的表达方式时不损坏程序的其他部分。David Parnas[②]对这种方法进行了扩展，他发现对系统待处理数据进行研究可以深入认识到优秀的模块化结构。

下一步是“面向对象编程”。程序员们学会识别设计中的基本对象，向外公开一个抽象的对象及其基本操作，并隐藏具体的实现细节。使用诸如 Smalltalk 和 C++的编程语言，可以将这些对象封装在类中。在第 13 章中，我们在研究集合的抽象和实现时会仔细研究这种方法。

3.5 用于特殊数据的强大工具

曾几何时，程序员需要从头开始编写每个应用程序。现代工具允许程序员（以及其他人员）花费最少的精力来编写应用程序。本节所列出的一些工具仅为示范性的，并不完备。每种工具都使用数据的某一视图来解决特定但又通用的问题。诸如 Visual Basic、Tcl 等语言和各种 shell 都提供了连接这些对象的“胶水”。

超文本。在 20 世纪 90 年代早期，网站的数量还只有数千个的时候，我所阅读的入门参考书都是存储在 CD-ROM 上面的。那些资料令人眼花缭乱，包括百科全书、字典、年鉴、电话号码簿、古典文学、教科书、系统参考手册等，所有这些资料都可以放在我的手掌心里。不幸的是，不同资料集的用户界面也是一样地令人头晕目眩：每个程序都有其特别之处。现在我可以轻松地访问所有 CD 上的或网上的数据（甚至更多），而我所用的界面通常就是网页浏览器。这使用户和开发人员都轻松多了。

名字—值对。书目数据库中的项可能如下所示：

```
%title       The C++ Programming Language, Third Edition
%author      Bjarne Stroustrup
%publisher   Addison-Wesley
%city        Reading, Massachusetts
%yesr        1997
```

① 平行数组是一种老式数据结构，通过元素数相同且下标对应的一组数组表示紧密相关的信息。已经逐渐被结构（struct）所取代。——编者注

② David Parnas（1941—），软件工程先驱，ACM 会士。他提出了“内聚”“耦合”“信息隐藏”等模块化设计思想，这些都已成为面向对象程序设计的基础。——编者注

Visual Basic 使用这种方法描述界面的控件。窗体左上角的文本框可以使用如下的属性（名字）和设置（值）来描述：

Height	495
Left	0
Multiline	False
Name	txtSample
Top	0
Visible	True
Width	215

（完整的文本框包含 36 个名字—值对。）例如要展宽文本框时，可以使用鼠标拖动右边框，或者输入一个更大的整数来替代 215，或者使用运行时赋值语句

```
txtSample.Width = 400
```

程序员可以选择最方便的方式来操作这个简单但功能很强大的结构。

电子表格。搞明白本部门的预算对我来说似乎有点困难。习惯上，我会为这项工作编写一个庞大的程序，用户界面也是沉闷生硬的。而另一位程序员从一个更广的视角入手，采用电子表格实现该程序，同时也使用了少量的 Visual Basic 函数。用户界面对财务人员等主要用户来说很熟悉。（如果今天我还需要编写大学调查程序，数据为数值数组的这个事实会促使我尝试将数据放到电子表格中。）

数据库。多年以前，一位程序员在纸质日志上记录了他最初的十几次跳伞的详细信息以后，决定将自己跳伞数据的记录自动化。再早几年，记录这样的数据需要使用复杂的记录格式，并且需要使用手工程序（或使用“报表程序发生器”）来完成数据的录入、更新和提取。当时，该程序员和我都被他完成该工作时所使用的新发明的商业数据库震惊了。他可以在几分钟之内完成数据库操作的新界面，而不再需要几天的时间。

特定领域的编程语言。图形用户界面（GUI）已经替代了许多古老沉闷的文本语言。但是特殊用途的编程语言在某些应用程序中依然很有效。当需要计算数据时，我并不喜欢使用鼠标在屏幕上点击一个虚拟的计算器，而是倾向于采用如下所示的方式直接输入数学公式：

```
n = 1000000
47 * n * log(n)/log(2)
```

相比于用炫丽的文本框和操作按钮组合来定义一个查询，我更倾向于用下面这样的语言来写：

```
(design or architecture) and not building
```

以前使用数百行可执行代码来定义的窗口，现在可以使用数十行 HTML 代码来定义。这些语言对一般的用户输入来说可能不够时尚了，但是在某些应用场合它们依然是有效的工具。

3.6　原理

虽然本章中的故事横跨数十年并涉及多种编程语言，但是每个故事的精髓都是一致的："能用小程序实现的，就不要编写大程序"。许多结构都见证了 Polya 在 *How to Solve It* [①]一书中提到的发明家悖论："更一般性的问题也许更容易解决"。对于程序设计来说，这意味着直接编写解决 23 种情况的问题很困难；而编写一个处理 n 种情况的通用程序，再令 $n=23$ 来得到最终结果，却相对要容易一些。

本章集中讨论了数据结构对软件的一个贡献：将大程序缩减为小程序。数据结构设计还有许多其他正面影响，包括节省时间和空间、提高可移植性和可维护性。Fred Brooks[②]在《人月神话》第 9 章中的评论就是针对节省空间的。而对于想要获得其他属性的程序员来说，下面的建议可谓金玉良言：

> 程序员在节省空间方面无计可施时，将自己从代码中解脱出来，退回起点并集中心力研究数据，常常能有奇效。（数据的）表示形式是程序设计的根本。

下面是退回起点进行思考时的几条原则。

- □ 使用数组重新编写重复代码。冗长的相似代码常常可以使用最简单的数据结构——数组来更好地表述。
- □ 封装复杂结构。当需要非常复杂的数据结构时，使用抽象术语进行定义，并将操作表示为类。
- □ 尽可能使用高级工具。超文本、名字—值对、电子表格、数据库、编程语言

① 该书中译版已由上海科技教育出版社出版，中文书名《怎样解题》。——编者注

② Fred Brooks（1931—），著名计算机科学家，因在计算机体系结构、操作系统和软件工程方面里程碑性的贡献而荣获 1999 年图灵奖。他领导了 OS/360 操作系统的开发，并以此经历写成名著《人月神话》。——编者注

等都是特定问题领域中的强大的工具。

- 从数据得出程序的结构。本章的主题就是：通过使用恰当的数据结构来替代复杂的代码，从数据可以得出程序的结构。万变不离其宗：在动手编写代码之前，优秀的程序员会彻底理解输入、输出和中间数据结构，并围绕这些结构创建程序。

3.7 习题

1. 本书行将出版之时，美国的个人收入所得税分为 5 种不同的税率，其中最大的税率大约为 40%。以前的情况则更为复杂，税率也更高。下面所示的程序文本采用 25 个 *if* 语句的合理方法来计算 1978 年的美国联邦所得税。税率序列为 0.14，0.15，0.16，0.17，0.18，…。序列中此后的增幅大于 0.01。有何建议呢？

```
if income <= 2200
     tax = 0
else if income < 2700
     tax =        .14 * (income - 2200)
else if income <= 3200
     tax =   70 + .15 * (income - 2700)
else if income <= 3700
     tax =  145 + .16 * (income - 3200)
else if income <= 4200
     tax =  225 + .17 * (income - 3700)
    ...
else
     tax = 53090 + .70 * (income - 102200)
```

2. k 阶常系数线性递归定义的级数如下：

$$a_n = c_1 a_{n-1} + c_2 a_{n-2} + \cdots + c_k a_{n-k} + c_{k+1},$$

其中，$c_1, \cdots, c_{k+1}$ 为实数。编写一个程序，其输入为 $k, a_1, \cdots, a_k, c_1, \cdots, c_{k+1}$ 和 m，输出为 a_1 至 a_m。

该程序与计算一个具体的 15 阶递归的程序相比会复杂多少？不使用数组又如何实现呢？

3. 编写一个“banner”函数，该函数的输入为大写字母，输出为一个字符数组，该数组以图形化的方式表示该字母。

4. 编写处理如下日期问题的函数：给定两个日期，计算两者之间的天数；给定一个日期，返回值为周几；给定月和年，使用字符数组生成该月的日历。

5. 本习题处理英语中的一小部分连字符问题。下面所示的规则描述了以字母“c”结尾的单词的一些合法的连字符现象：

   et-ic al-is-tic s-tic p-tic -lyt-ic ot-ic an-tic n-tic c-tic at-ic h-nic n-ic m-ic l-lic b-lic -clic l-ic h-ic f-ic d-ic -bic a-ic -mac i-ac

   规则的应用必须按照上述顺序进行；因此，有连字符“eth-nic”（由规则“h-nic”捕获）和“clin-ic”（前一测试失败，然后满足“n-ic”）。如何用函数来表达该规则？要求函数的输入为单词，返回值必须是后缀连字符。

6. 编写一个“格式信函发生器”，使之可以通过数据库中的每条记录来生成定制的文档（这常常称为“邮件归并”特性）。设计简短的模板和输入文件来测试程序的正确性。

7. 常见的字典允许用户查找单词的定义。习题 2.1 描述了允许用户查找变位词的字典。设计查找单词正确拼写的字典和查找单词的押韵词的字典。讨论具有以下功能的字典：查找整数序列（例如，1，1，2，3，5，8，13，21，…）、化学结构或者歌曲韵律结构。

8. [S. C. Johnson]七段显示设备实现了十进制数字：

   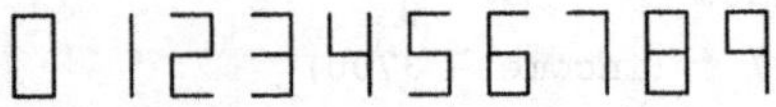

   的廉价显示。七段显示通常如下编号：

   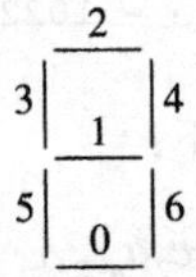

   编写一个使用 5 个七段显示数字来显示 16 位正整数的程序。输出为一个 5 字节的数组，当且仅当数字 j 中的第 i 段点亮时，字节 j 中的位 i 置 1。

3.8 深入阅读

数据可以结构化程序，但是只有聪明的程序员才能结构化大型软件系统。Steve

McConnell[①]的《代码大全》由微软出版社于1993年出版，其副标题*A Practical Handbook of Software Construction*精确地描述了这部860页著作的内容。该书是程序员智慧结晶的捷径。

该书的第8章至第12章都与本章密切相关，都讨论有关“数据”的话题。McConnell从诸如数据声明和选择数据名称等基本内容开始，进而讨论高级的主题，例如表驱动程序和抽象数据类型。其第4章至第7章详细描述的关于“设计”的主题与本章一致。

从开发有趣的小函数到管理大的软件项目，开发软件项目所需要的知识面很广。尤其在与他的 *Rapid Development*[②]（微软出版社 1996 年出版）和 *Software Project Survival Guide*[③]（微软出版社 1998 年出版）结合起来的时候，McConnell 的工作覆盖了这两个极端以及大部分的中间地带。McConnell 的书读起来很风趣，但永远不要忘记，他所说的都是来之不易的亲身体会。

---

①Steve McConnell，著名软件工程专家。曾长期担任*IEEE Software*期刊的主编和IEEE计算机学会Professional Practice委员会主席。他还是SWEBOK项目专家组成员。所著《代码大全》产生了广泛影响。——编者注

② 该书英文影印版《快速软件开发》已由机械工业出版社出版。中译版《快速软件开发——有效控制与完成进度计划》已由电子工业出版社出版。——编者注

③ 该书英文影印版《软件项目生存指南》已由清华大学出版社出版。——编者注

第 4 章

编写正确的程序

20 世纪 60 年代末，人们就在讨论验证其他程序正确性的那些验证程序的前景了。不幸的是，到今天这几十年间，除了屈指可数的几个例外，自动验证系统依然还是纸上谈兵。尽管以前的预期落空了，对程序验证所进行的研究还是给我们提供了很有价值的东西——对计算机编程的基本理解，这比一个吞入程序，然后闪现“好”或“坏”的黑匣子要好得多。

本章的目的是阐述这些基本理解如何帮助实际程序员编写正确的程序。一位读者将大多数程序员习以为常的方法形象地归纳为“编写代码，然后丢给另一个部门，由 QA（质量保证）或 QT（质量测试）来处理错误”。本章描述一种不同的方法。在开始讨论之前，我们必须正确地认识到：编程技巧仅仅是编写正确程序的很小一部分，大部分内容还是前面三章讨论过的主题：问题定义、算法设计以及数据结构选择。如果这些步骤都完成得很好，那么编写正确的程序通常是很容易的。

4.1 二分搜索的挑战

即使有了最好的程序设计，程序员也常常要编写巧妙的代码。本章讨论一个需要特别仔细地编写代码的问题：二分搜索。在回顾这个问题并简介其算法之后，我们将使用验证原则来编写程序。

我们首次遇到这个问题是在 2.2 节。我们需要确定排序后的数组 $x[0..n-1]$ 中是否包含目标元素 t。[①]准确地说，已知 $n \geqslant 0$ 且 $x[0] \leqslant x[1] \leqslant x[2] \leqslant \cdots \leqslant x[n-1]$，当 n=0 时数组为空。t 与 x 中元素的数据类型相同。无论是整型、浮点型还是字符串型，伪

① 如果在评价短变量名、二分搜索函数定义、出错处理以及其他对于大型软件项目的成功至关重要的编程风格问题时需要帮助的话，可以参考习题 5.1 及其答案。

代码都必须同样地正确运行。答案存储在整数 p 中（记录位置）：当 p 为-1 时，目标 t 不在数组 $x[0..n-1]$ 中；否则 $0 \leqslant p \leqslant n-1$，且 $t = x[p]$。

二分搜索通过持续跟踪数组中包含元素 t 的范围（如果 t 存在于数组的话）来解决问题。一开始，这个范围是整个数组；然后通过将 t 与数组的中间项进行比较并抛弃一半的范围来缩小范围。该过程持续进行，直到在数组中找到 t 或确定包含 t 的范围为空时为止。在有 n 个元素的表中，二分搜索大约需要执行 $\log_2 n$ 次比较操作。

多数程序员都认为有了上述描述在手，编写代码是轻而易举的事。但是他们错了。相信这一点的唯一办法就是马上放下书，然后自己编写这段程序。试试看。

我在给专业程序员上课时布置过该问题。学生们有数小时的时间将上面的描述转换成程序。可以使用任何一种编程语言，高级伪代码也可以。规定的时间到了的时候，几乎所有的程序员都报告说自己完成了该任务的正确代码。然后，我们用 30 分钟时间来检查这些程序员已经用测试实例检验过了的代码。在几个课堂里对一百多名程序员的检查结果大同小异：90%的程序员都在他们的程序中发现了错误（并且我不相信那些没有发现错误的程序就一定是正确的）。

我很惊诧：提供充足的时间，竟然仅有约 10%的专业程序员能够将这个小程序编写正确。但是他们不是唯一一批发现这个任务困难的人：Knuth 在其 *The Art of Computer Programming, Volume 3: Sorting and Searching* 的 6.2.1 节的历史部分中指出，虽然第一篇二分搜索论文在 1946 年就发表了，但是第一个没有错误的二分搜索程序却直到 1962 年才出现。

4.2　编写程序

二分搜索的关键思想是如果 t 在 $x[0..n-1]$ 中，那么它就一定存在于 x 的某个特定范围之内。这里使用 *mustbe*(*range*)来表示：如果 t 在数组中，那么它一定在 *range* 中。使用这个定义可以将上面描述的二分搜索转换成下面的程序框架：

```
initialize range to 0..n-1
loop
    { invariant: mustbe(range) }
    if range is empty,
        break and report that t is not in the array
    compute m, the middle of the range
    use m as a probe to shrink the range
        if t is found during the shrinking process,
```

```
        break and report its position
```

该程序的最重要部分是大括号内的循环不变式（loop invariant）。之所以把这种关于程序状态的断言（assertion）称为不变式（invariant），是因为在每次循环迭代之前和之后，该断言都为真。这个名称将前面已有的直观概念形式化了。

现在进一步完善程序，并确保所有的操作都遵循该不变式。我们面对的第一个问题就是范围（range）的表示方式：这里使用两个下标 *l* 和 *u*（对应下限 lower 和上限 upper）来表示范围 *l..u*。(9.3 节的二分搜索函数使用起始位置和长度来表示范围)。逻辑函数 *mustbe*(*l*, *u*)是说：如果 *t* 在数组中，*t* 就一定在（闭区间）范围 x[*l..u*]之内。

下一步的工作是初始化。*l* 和 *u* 应该为何值，才能使 *mustbe*(*l*, *u*)为真？显而易见的选择是 0 和 *n*−1：*mustbe*(0, *n*−1)是说如果 *t* 在 *x* 中，那么 *t* 就一定在 *x*[0..*n*−1]中；而这恰好就是我们在程序一开始就知道的事实。于是，初始化由赋值语句 *l*=0 和 *u*=*n*−1 组成。

下一步的任务是检查空范围并计算新的中间点 *m*。当 *l* > *u* 时范围 *l..u* 为空，在这种情况下，将特殊值-1 赋给 *p* 并终止循环，程序如下：

```
if l > u
    p = -1; break
```

break 语句终止了外层的 *loop*。下面的语句计算范围的中间点 *m*：

```
m = (l + u) / 2
```

“/” 运算符实现整数除法：6/2 等于 3，7/2 也等于 3。至此，扩展的程序如下：

```
l = 0; u = n-1
loop
    { invariant; mustbe(l, u) }
    if l > u
        p=-1; break
    m = (l + u) / 2
    use m as a probe to shrink the range l..u
        if t is found during the shrinking process,
        break and note its position
```

为了完善循环体中的后三行，需要比较 *t* 和 *x*[*m*]，并采取合适的操作来保持不变式成立。因此代码的一般形式为：

```
case
    x[m] <  t:  action a
    x[m] == t:  action b
    x[m] >  t:  action c
```

对于操作 b，由于 *t* 在位置 *m*，所以将 *p* 设为 *m* 并终止循环。由于另外两种情况是对称的，这里集中讨论第一种情况并认为对最后一种情况的讨论可以根据对称性得到（这也是在下一节中我们必须精确验证代码正确性的一部分原因）。

如果 $x[m]<t$,那么 $x[0]\leqslant x[1]\leqslant\cdots\leqslant x[m]<t$。因此，*t* 不可能存在于 $x[0..m]$中的任何位置。将该结论与已知条件“*t* 不在 $x[l..u]$之外”相结合，可知 *t* 一定在 $x[m+1..u]$之内，记为 *mustbe*(*m*+1, *u*)。然后，通过将 *l* 设为 *m*+1 可以再次确立不变式 *mustbe*(*l*, *u*)。将这些情况放入前面的代码框架中，就获得了最终的函数。

```
l = 0; u = n-1
loop
    { mustbe(l, u) }
    if l > u
      p = -1; break
    m = (l + u) / 2
    case
        x[m] <  t:   l = m+1
        x[m] == t:    P = m; break
        x[m] >  t:   u = m-1
```

这是一个简短的程序：只有 9 行代码和一个不变式断言。程序验证的基本技术（精确定义不变式并在编写每一行代码时随时保持不变式的成立）在我们将算法框架转化成伪代码时起到了很大的作用。该过程使我们对程序的正确性树立了一些信心。但是这并不意味着该程序就一定是正确的。在继续往下阅读之前，请花几分钟时间确定该代码的功能是否与所描述的一致。

4.3　理解程序

当面对复杂的编程问题的时候，我总是试图得到如同上面那样详细的程序代码，然后使用验证方法来增强自己对程序正确性的信心。本书中的第 9 章、第 11 章和第 14 章也将在这个层面上使用验证技术。

本节我们将在近乎吹毛求疵的细节层面上研究对二分搜索程序所进行的验证分

析，实践中我很少做这么多正式的分析。下一页的程序大量使用断言进行注释，从而形式化了最初编写代码时所用的直观概念。

代码的开发是自上而下进行的（从一般思想开始，将其完善为独立的代码行），该正确性分析则是自下而上进行的：从每个独立的代码行开始，检查它们是如何协同运作并解决问题的。

> **警告**
>
> 下面是些乏味的内容。
>
> 如果睡意来袭，请直接跳至4.4节。

我们从第 1 行至第 3 行开始讨论。*mustbe* 的定义如下：如果 *t* 在数组中，那么它一定在 *x*[0..*n*−1]中。由此可知，第 1 行的断言 *mustbe*(0, *n*−1)为真。于是，根据第 2 行的赋值语句 *l*=0 和 *u*=*n*−1 可以得到第 3 行的断言：*mustbe*(*l*, *u*)。

下面讨论困难的部分：第 4 行至第 27 行的循环。关于其正确性的讨论分为 3 个部分，每部分都与循环不变式密切相关。

- *初始化*。循环初次执行的时候不变式为真。
- *保持*。如果在某次迭代开始的时候以及循环体执行的时候，不变式都为真，那么，循环体执行完毕的时候不变式依然为真。
- *终止*。循环能够终止，并且可以得到期望的结果（在本例中，期望的结果是 *p* 得到正确的值）。为说明这一点需要用到不变式所确立的事实。

对于初始化，我们注意到第 3 行的断言与第 5 行的相同。为确立其他两条性质，对第 5 行至第 27 行进行分析。讨论第 9 行和第 21 行（*break* 语句）时，将确立终止性质。如果持续下去，直至第 27 行，就可以得到保持性质，因为这又与第 5 行相同。

```
1.  { mustbe(0, n-1) }
2.  l = 0; u= n-1
3.  { mustbe(l, u) }
4.  loop
5.      { mustbe(l, u) }
6.      if l > u
7.          { l > u && mustbe(l, u) }
8.          { t is not in the array }
9.          p = -1; break
10.     { mustbe(l, u) && l <= u }
```

```
11.     m = (l + u) / 2
12.     { mustbe(l, u) && l <= m <= u }
13.     case
14.         x[m] < t:
15.                 { mustbe(l, u) && cantbe(0, m) }
16.                 { mustbe(m+1, u) }
17.                 l = m+1
18.                 { mustbe(l, u) }
19.         x[m] == t:
20.                 { x[m] == t }
21.                 p = m; break
22.         x[m] > t:
23.                 { mustbe(l, u) && cantbe(m, n-1) }
24.                 { mustbe(l, m-1) }
25.                 u = m-1
26.                 { mustbe(l, u) }
27.     { mustbe(l, u) }
```

第 6 行的成功测试将得到第 7 行的断言：如果 t 在数组中，那么它就必定在位置 l 和 u 之间，且 $l > u$。这些事实就意味着第 8 行的断言成立：t 不在数组中。于是在第 9 行设定 p 为-1 后，就可以正确地终止循环。

如果第 6 行的测试失败，就进入到第 10 行。不变式依然为真（我们没有对其做任何改动），并且由于测试失败，可得 $l \leqslant u$。第 11 行将 m 设为 l 和 u 的平均值，向下取整为最接近的整数。由于平均值总是位于两个值之间并且取整不会使之小于 l，所以得到第 12 行的断言。

从第 13 行至第 27 行的 *case* 语句考虑到了所有 3 种可能。最容易分析的一个分支是位于第 19 行的第二个分支。由第 20 行的断言，我们将 p 设定为 m 并终止循环是正确的。这是第二处终止循环的地方（一共两处），由于两次对循环的终止都是正确的，于是我们确立了循环终止的正确性。

下面讨论 *case* 语句中的两个对称分支。由于在编写代码的时候，我们把精力集中在第一个分支上，现在我们将注意力转移到第 22 行～第 26 行。考虑第 23 行的断言。第一个子句是不变式，循环并没有对其进行改变。由于 $t < x[m] \leqslant x[m+1] \leqslant \cdots \leqslant x[n-1]$，第二个子句亦为真，于是我们可以知道 t 不在数组中任何高于 $m-1$ 的位置，使用简短记法表示为 $cantbe(m, n-1)$。逻辑告诉我们，如果 t 一定在 l 和 u 之间，而且不等于或高于 m，那么 t 就一定在 l 和 $m-1$ 之间（前提是 t 在 x 中），于是得到第 24 行。第 24

行为真时执行第 25 行可得第 26 行为真——这是赋值的定义。*case* 语句的这个分支也就再次确立了第 27 行的不变式。

第 14 行至第 18 行的讨论具有完全相同的形式，至此，我们完成了对 *case* 语句所有三个分支的分析。一个正确地终止了循环，其他两个则保持了不变式。

该代码分析表明，如果循环能够终止，那么就可以得到正确的 p 值。但是，程序中仍有可能包含死循环；事实上，这正是那些专业程序员编写该程序时所犯的最常见的错误。

我们的停机证明从另一个角度对范围 $l..u$ 进行了考虑。初始范围为某一有限大小（n），第 6 行至第 9 行确保当范围中的元素少于一个时终止循环。因此，要证明终止，我们必须证明在循环的每次迭代后范围都缩小了。第 12 行告诉我们，m 总处于当前范围内。*case* 语句中不终止循环的两个分支（第 14 行和第 22 行）都排除了范围中位置 m 处的值，由此将范围大小至少缩小 1。因此，程序必会终止。

有了这些背景分析，我对我们进一步讨论这个函数更有信心了。下一章涵盖了以下主题：用 C 来实现该函数，然后进行测试以确保程序正确而且高效。

4.4　原理

本章的练习展示了程序验证的诸多优势：问题很重要，需要认真地编写代码；程序的开发需要遵循验证思想；可以使用一般性的工具进行程序的正确性分析。该练习的主要缺点在于其细节层面：在实践中不需要这么正式。幸运的是，这些细节阐述了许多一般性的原理，包括以下原理。

断言。输入、程序变量和输出之间的关系勾勒出了程序的“状态”，断言使得程序员可以准确阐述这些关系。这些断言在程序生命周期中的角色在下一节中论述。

顺序控制结构。控制程序的最简单的结构莫过于采用“执行这条语句然后执行下一条语句”的形式。可以通过在语句之间添加断言并分别分析程序执行的每一步来理解这样的结构。

选择控制结构。这些结构包括不同形式的 *if* 和 *case* 语句；在程序运行过程中，多个分支中的一个被选择执行。我们通过分别分析每一个分支说明了该结构的正确性。一定会选择某个分支的事实允许我们使用断言来证明。例如，如果执行了语句 *if* $i>j$，那么我们就可以断言 $i>j$ 并且使用这个事实来推导出下一个相关的断言。

迭代控制结构。要证明循环的正确性就必须为其确立 3 个性质：

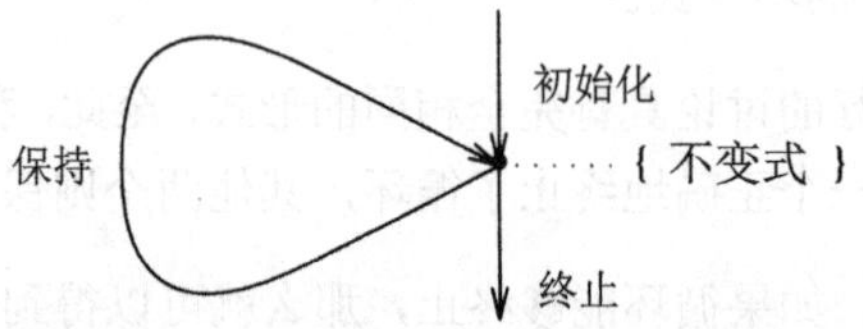

我们首先讨论由初始化确立的循环不变式，然后证明每次迭代都保持该不变式为真。由数学归纳法可知这两步就证明了在循环的每次迭代之前和之后该不变式都为真。第三步是证明无论循环在何时终止执行，所得到的结果都是正确的。综合这些步骤可知：只要循环能停止运行，那么其结果就是正确的。因此我们还必须用其他方法证明循环一定能终止（二分搜索的停机证明所使用的方法是比较常见的）。

函数。要验证一个函数，首先需要使用两个断言来陈述其目的。前置条件（precondition）是在调用该函数之前就应该成立的状态，后置条件（postcondition）的正确性由函数在终止执行时保证。如此可以得到 C 语言二分搜索函数如下：

```
int bsearch(int t, int x[], int n)
 /* precondition: x[0] <= x[1] <= ... <= x[n-1]
    postcondition:
        result == -1    => t not present in x
        0 <= result < n => x[result] == t
 */
```

这些条件与其说是事实陈述不如说是一个契约：如果在前置条件满足的情况下调用函数，那么函数的执行将确立后置条件。一旦证明函数体具有该性质，在以后的应用中就可以直接使用前置条件和后置条件之间的关系而不再需要考虑其实现。该方法在软件开发中通常称为“契约编程”。

4.5 程序验证的角色

当一个程序员想要让别人相信某段代码正确的时候，首选的工具通常就是使用测试用例：运行程序并手动输入数据。这是很有效的：适用于检测程序的错误、易于使用并且很容易理解。然而，程序员明显对程序有更深的理解——如果他们做不到这一点的话，就不可能编写出第一手程序。程序验证的一个主要好处就是为程序员提供一种语言，用来表达他们对程序的理解。

本书的后续部分（特别是第 9 章、第 11 章和第 14 章）将会使用验证技术进行复杂程序的开发。在编写每一行代码的时候都使用验证语言来解释，这对概括每个循环的不变式特别有用。程序文本中重要的解释以断言的形式结束；而确定在实际软件中应包含哪些断言则是一门艺术，只能在实践中学习。

验证语言常用于程序代码初次编写完成以后，在进行初次模拟的时候开始使用。测试过程中，违反断言语句的那些情况指明了程序的错误所在，而对相应情况形式的分析则指出了在不引入新错误的情况下如何修正程序中的错误。调试过程中，需要同时修正错误代码和错误的断言：总是保持对代码的正确理解，不要理会那种“只要能让程序工作，怎么改都行”的催促。第 5 章将介绍程序验证在程序的测试和调试过程中所扮演的几种重要角色。断言在程序维护过程中至关重要：当你拿到一段你从未见过而且多年来也没有其他人见过的代码时，有关该程序状态的断言对于理解程序是很有帮助的。

这些仅是编写正确程序的很小一部分技术。编写简单的代码通常是得到正确程序的关键。另一方面，几个熟悉这些验证技术的专业程序员曾经对我讲述了一段在我自己编程时也常遇到的经历：当他们编写程序的时候，“困难”的部分第一次就可以正确运行，而那些“容易”的部分往往会出毛病。当开始编写困难的部分时，他们会坐下来仔细编程并成功地使用强大的正规技术。在编写容易的部分时，他们又返回到自己的编程老路上来了，结果当然是旧病复发了。在亲身经历之前，我也并不相信会有这种现象，这种尴尬的现象是经常使用验证技术的良好动力。

4.6　习题

1. 尽管我们的二分搜索证明历经曲折，但是按照某些标准来衡量还是不够完善。你会如何证明该程序没有运行时错误（例如除数为 0、数值溢出、变量值超出声明的范围或者数组下标越界）呢？如果有离散数学的基础知识，你能否使用逻辑系统形式化该证明？

2. 如果原始的二分搜索对你来说太过容易了，那么请试试这个演化后的版本：把 t 在数组 x 中第一次出现的位置返回给 p（如果存在多个 t 的话，原始的算法会任意返回其中的一个）。要求代码对数组元素进行对数次比较（该任务可以在 $\log_2 n$ 次比较之内完成）。

3. 编写并验证一个递归的二分搜索程序。代码和证明中的哪些部分与迭代版本的二分搜索程序相同？哪些部分发生了改变？

4. 给你的二分搜索程序添加虚拟的“计时变量”来计算程序执行的比较次数，并使用程序验证技术来证明其运行时间确实是对数的。

5. 证明下面的程序在输入 x 为正整数时能够终止。

```
while x != 1 do
    if even(x)
        x = x/2
    else
        x = 3*x +1
```

6. [C. Scholten] David Gries[①]在其 *Science of Programming* 中将下面的问题称为"咖啡罐问题"。给定一个盛有一些黑色豆子和一些白色豆子的咖啡罐以及一大堆"额外"的黑色豆子，重复下面的过程，直至罐中仅剩一颗豆子为止。

   从罐中随机选取两颗豆子，如果颜色相同，就将它们都扔掉并且放入一个额外的黑色豆子；如果颜色不同，就将白色的豆子放回罐中，而将黑色的豆子扔掉。

   证明该过程会终止。最后留在罐中的豆子颜色与最初罐中白色豆子和黑色豆子的数量有何函数关系？

7. 一位同事在编写一个在位图显示器中画线的程序时遇到了下面的问题。n 对实数 (a_i, b_i) 构成的数组定义了 n 条直线 $y_i = a_i x + b_i$。当 x 位于[0, 1]内时，对于区间[0, n−2]内的所有 i，这些线段按 $y_i < y_{i+1}$ 排序：

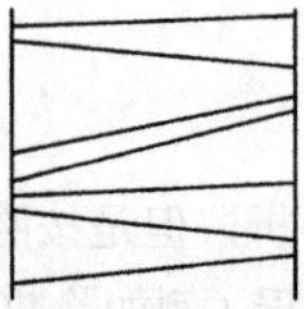

   用更形象的话说，这些线段在垂直方向上不交叉。给定一个满足 $0 \leqslant x \leqslant 1$ 的点(x, y)，他需要确定包围这个点的两条线段。他该如何快速解决该问题呢？

8. 二分搜索一般比顺序搜索要快：在含有 n 个元素的表中查找，二分搜索需要大约 $\log_2 n$ 次比较，而顺序搜索需要大约 $n/2$ 次比较。通常情况下这已经足够快了，但在有些情况下，二分搜索必须执行得更快。虽然我们无法减少由算法决定的对数级的比较次数，你可以重新编写代码使之执行得更快吗？为明确起见，假定你需要搜索一个包含 1 000 个整数的有序表。

---

① David Gries（1939—），著名计算机科学家，ACM 会士，现任康奈尔大学教授。他在编程方法学、编程语言语义和教学等方面成就颇多。——编者注

9. 完成以下程序验证练习，准确说明以下每个程序片段的输入/输出动作，并证明代码可以完成其任务。第一个程序实现向量加法 $a = b + c$ 。

```
i = 0
while i < n
    a[i] = b[i] + c[i]
    i = i+1
```

（该代码和下面的两个代码片段使用末尾带有自增运算的 *while* 循环展开了"*for i* = [0, *n*)" 循环）。下面的代码片段计算数组 *x* 中的最大值。

```
max = x[0]
i = 1
while i < n do
   if x[i] > max
       max = x[i]
   i = i+1
```

下面的顺序搜索程序返回 *t* 在数组 *x*[0..*n*−1]中第一次出现的位置。

```
i = 0
while i < n && x[i] != t
    i = i+1
if i >= n
    p = -1
else
    p = i
```

下面的程序以正比于 *n* 的对数的时间计算 *x* 的 *n* 次方。该递归程序的编码和验证很简单；其迭代版本比较复杂，留作附加题。

```
function exp(x,n)
        pre n >= 0
        post result = x^n
    if n = 0
        return 1
    else if even(n)
        return square(exp(x, n/2))
    else
        return x*exp(x, n-1)
```

10. 在二分搜索函数中引入错误，观察验证错误代码时这些引入的错误是否会（以及如何）被捕获？

11. 使用 C 或 C++编写递归的二分搜索函数并证明其正确性，要求函数的声明如下：

```
int binarysearch(DataType x[], int n)
```

单独使用该函数，不要调用其他任何递归函数。

4.7 深入阅读

David Gries 所著的 *Science of Programming* 是程序验证领域里极佳的一本入门书籍，该书的平装本由 Springer-Verlag 出版社于 1987 年出版。这本书先讲逻辑，进而对程序验证和开发进行了正规的介绍，最后讨论了常见语言的编程问题。本章尝试勾勒出了程序验证的潜在好处；对多数程序员来说，要想高效地使用程序验证技术，唯一的办法就是研读一本类似 Gries 著作的书。

第 5 章

编程小事

到目前为止，你已经做了一切该做的事：通过深入挖掘定义了正确的问题，通过仔细选择算法和数据结构平衡了真正的需求，通过程序验证技术写出了优雅的伪代码，并且对其正确性相当有把握。那么如何将这些成果合并到你的大系统中呢？嗯，万事俱备，只欠不起眼的编程了。

程序员都是乐观主义者，他们总是试图走捷径：编写函数代码，并将其插入系统中，然后热切地期望它能运行。有时候这样做行得通。但是有千分之九百九十九的概率，这样做会导致一场灾难：人们不得不在巨型系统的迷宫中操纵这个小小的函数。

明智的程序员则使用*脚手架*（scaffolding）来方便地访问函数。本章着重论述如何将前一章中用伪代码描述的二分搜索程序实现为可靠的 C 函数。（使用 C++或 Java 实现的代码与之非常相似，该方法同样适用于其他多数编程语言。）编写完代码以后，我们将使用脚手架来探察代码，然后更彻底地测试代码，并通过实验来了解运行时间。对这样一个小函数来说，这个过程太烦琐了。然而，这样做能够得到一段可以信赖的程序。

5.1 从伪代码到 C 程序

假设数组 x 和目标项 t 的数据类型均为 *DataType*，*DataType* 使用 C 语言的 *typedef* 语句定义如下：

```
typedef int DataType;
```

定义的类型可以是长整型、浮点型或其他任何类型。数组使用如下两个全局变量实现：

```
int n;
DataType x[MAXN];
```

（尽管这对于多数 C 程序来说是很差的编程风格，但是它反映了在 C++类中访问数据的方法；使用全局变量也可以得到较小的脚手架。）我们的目标是如下的 C 函数：

```
int binarysearch(DataType t)
 /* precondition: x[0] <= x[1] <= ... <= x[n-1]
    postcondition:
        result == -1=> t not present in x
        0 <= result < n => x[result] == t
    */
```

4.2 节中的大部分伪代码语句都可以直接逐行转换成 C 程序（或多数其他语言的程序）。伪代码将数值存储在答案变量 *p* 中，对应的 C 语言程序则返回该值。使用 C 语言的无限循环语句 *for*(;;)取代伪代码中的 *loop* 得到如下代码：

```
for (;;) {
    if (l > u)
        return -1;
    ... rest of loop ...
 }
```

也可以通过逆转测试条件，把该循环变成 while 循环语句：

```
while ( l <= u) {
    ... rest of loop ...
}
return -1;
```

于是得到最终的程序如下：

```
int binarysearch(DataType t)
    /* return (any) position if t in sorted x[0..n-1] or
       -1 if t is not present */
{   int l, u, m;
    l = 0;
    u = n-1;
    while (l <= u) {
        m = (l + u) / 2;
        if (x[m] < t)
```

```
            l = m+1;
        else if (x[m] == t)
            return m;
        else /* x[m] > t */
            u = m-1;
    }
    return -1;
}
```

5.2　测试工具

运用该函数的第一步当然是进行一些手动测试。小实例（零元、一元和二元数组）常常就足以检测出程序中的错误。更大些的数组测试开始变得乏味，于是就有了下一步：编写驱动程序来调用该函数。5 行语句的 C 语言脚手架就可以完成该工作：

```
while ( scanf("%d %d", &n, &t) != EOF) {
    for (i = 0; i < n; i++)
        x[i] = 10*i;
    printf(" %d\n", binarysearch(t));
}
```

我们先测试一个仅有二十多行语句的 C 语言程序：*binarysearch* 函数和包含上述代码的 *main* 函数。可以预计，当增加额外的脚手架时，该程序会变长。

键入输入行“2 0”，程序产生一个二元数组，其中 *x*[0]=0，*x*[1]=10，然后（在下一个缩进的行）给出搜索“0”的结果是：元素“0”位于位置“0”：

```
2 0
 0
2 10
 1
2 -5
 -1
2 5
 -1
2 15
 -1
```

键入的输入数据总是用斜体表示。下一对数据行显示元素“10”在位置 1 正确找到。

后面的6行描述了3次正确的不成功搜索。至此，该程序正确地处理了具有两个不同元素的数组中所有可能的搜索。当程序陆续通过了不同规模输入的类似测试之后，我对程序的正确性越来越有信心了，并且也越来越厌倦这费时费力的手动测试。下一节描述了脚手架如何自动完成此项工作。

不是所有的测试都是这么一帆风顺的。下面是几位专业程序员给出的二分搜索程序：

```
int badsearch(DataType t)
{   int l, u, m;
    l = 0
    u = n-1;
    while (l <= u) {
        m = (l + u) / 2
/* printf(" %d %d %d\n", l, m, u) */
        if (x[m] < t)
            l = m;
        else if (x[m] > t)
            u = m;
        else
            return m;
    }
    return -1;
}
```

（我们很快就会回过头来讨论注释掉的*printf*语句。）你能找出这段代码中的问题吗？

程序通过了前两个小测试。在五元数组的位置2找到了元素20，在位置3找到了元素30：

```
5 20
 2
5 30
 3
5 40
...
```

当我试图搜索40时，程序进入了死循环。为什么？

为解开这个谜团，我在上面的程序中插入了一个*printf*语句作为注释。（该语句向左侧突出，以表明它是脚手架。）该*printf*语句显示了每一次搜索中*l*、*m*和*u*的值的序列：

```
5 20
  0 2 4
2
5 30
  0 2 4
  2 3 4
3
5 40
  0 2 4
  2 3 4
  3 3 4
  3 3 4
  3 3 4
  ...
```

第一次搜索在第一次探测的时候就找到了元素 20，第二次搜索在第二次探测时找到了 30。第三次搜索在前两次探测时也是好的，但是第三次探测就进入了死循环。当我们试图证明循环能够终止时就应该发现该错误了。

当我需要调试一个深深嵌入大程序中的小算法时，我有时会在大程序中使用诸如单步跟踪之类的调试工具。但是，当面对这样的使用脚手架的算法时，*print* 语句实现起来通常比复杂的调试器更快，也更有效。

5.3 断言的艺术

在第 4 章中开发二分搜索时，断言就扮演了数个重要的角色：既可以用来指导程序代码的开发，也可以用来判断程序的正确性。现在，我们将断言插入代码中，以确保程序运行时的行为与我们的理解相一致。

我们使用 *assert* 表示我们相信某个逻辑表达式为真。语句 *assert*($n \geq 0$)在 n 为 0 或更大时什么都不做，但在 n 为负值时会报告某种错误（或许还会调用调试器）。在报告二分搜索程序找到其目标之前，我们可能作出如下断言：

```
    ...
else if (x[m] == t) {
    assert(x[m] == t);
    return m;
} else
    ...
```

这个弱断言仅仅重复了 *if* 语句的条件。我们或许希望对其进行加强，以断言其返回值在输入范围内：

```
assert(0 <= m && m < n && x[m] == t);
```

当循环因为没有找到目标值而终止时，我们知道 *l* 和 *u* 已经交叉了，于是可以知道元素并不在数组中。我们可能会试图去断言我们找到了一对相邻的元素值，其中一个小于目标值，另一个大于目标值：

```
assert(x[u] < t && x[u+1] > t);
return -1;
```

其逻辑如下：如果在排序后的表中 1 和 3 相邻，那么我们就可以确定 2 不存在于表中。即使对正确的程序，该断言有时候也会失败，为什么？

当 *n* 为零时，变量 *u* 初始化为-1，于是，下标会索引至数组之外的某个元素。要使断言有效，必须通过测试边界将其弱化：

```
assert((u < 0 || x[u] < t) && (u+1 >= n || x[u+1] > t));
```

该断言确实可以在不完善的搜索中发现程序的一些错误。

可以通过证实在每次迭代之后范围都减小来证明搜索一定会终止。我们可以通过添加一点额外的计算和一条断言，在程序执行时测试该性质。我们将 *size* 初始化为 *n*+1，然后在 *for* 语句后插入如下代码：

```
oldsize = size;
size = u - l + 1;
assert(size < oldsize);
```

我经常陷入这样的尴尬境地：自己费尽精力调通了一个二分搜索程序，却发现错误原因仅仅是待搜索的数组未排序。一旦定义了下面的函数：

```
int sorted()
{   int i;
    for ( i = 0; i < n-1; i++)
        if ( x[i] > x[i+1])
            return 0;
    return 1;
}
```

就可以断言 *assert*(*sorted*())了。但是必须注意，由于该测试的开销较大，我们应该只在所有的搜索之前进行一次测试。将该测试包含在主循环之中会导致二分搜索的运行时间正比于 $n\log n$ 。

在脚手架中测试该函数时，断言会很有帮助。当我们从组件测试转向系统测试时，断言同样也很有帮助。某些项目使用预处理器定义断言，于是可以在编译阶段处理断言，而不会导致运行时的额外开销。另外，Tony Hoare 曾经注意到，在测试时使用断言，而在产品发布时将断言关闭的程序员，就像是在岸上操练时穿着救生衣，而下海时将救生衣脱下的水手。

Steve Maguire 的 *Writing Solid Code* 一书（微软出版社 1993 年出版）第 2 章论述了在工业级软件中断言的应用。他详细描述了在微软的产品和库中使用断言的几个纷争。

5.4　自动测试

我们已经在该程序上做了足够多的工作来确保其正确性，并且我们也已经厌倦了手动输入测试用例。下一步就是建立脚手架，使用机器对程序进行自动测试。测试函数的主循环运行时，n 从最小的可能值（0）变化到最大的合理值：

```
for n = [0, maxn]
    print "n=", n
    /* test value n */
```

print 语句报告测试的进度。有些程序员不喜欢这样做：这样仅仅得到了一些混乱而非实质性的信息；另一些程序员则从中得到了慰藉，并可以在发现第一个错误的时候知道程序已经通过了哪些测试。

测试循环的第一部分检验了所有元素互异的情况（在数组顶部放置了一个多余的元素，以确保搜索不会定位到该位置）。

```
/* test distinct elements (plus one at the end) */
for i = [0, n]
    x[i] = 10*i
for i = [0, n)
    assert(s(10*i)     ==  i)
    assert(s(10*i - 5) ==  -1)
assert(s(10*n - 5) ==  -1)
assert(s(10*n)     ==  -1)
```

为了方便地测试不同的功能，我们定义要测试的函数如下：

```
#define s binarysearch
```

程序中的断言为成功的和不成功的搜索测试每一个可能的位置，以及元素在数组中但位于搜索边界之外的情况。

测试循环的下一部分探测所有元素都相等的数组：

```
/* test equal elements */
for i = [0, n)
    x[i] = 10
if n == 0
    assert (s(10) == -1)
else
    assert(0 <= s(10) && s(10) < n)
assert(s(5) == -1)
assert(s(15) == -1)
```

该程序搜索数组中的元素以及稍小和稍大些的元素。

这些测试覆盖了程序的大部分内容。对 *n* 在 0～100 范围的取值进行测试涵盖了空数组、常见的出错规模（0，1，2）、2 的几个幂次以及许多与 2 的幂次相差 1 的数值。手动进行这些测试会极度枯燥（并可能因此导致出错），而用计算机来测试则只需要极少的时间。当 *maxn* 为 1 000 时，这些测试在我的计算机上仅需要几秒钟的时间。

5.5 计时

大量的测试使我们确信该搜索程序是正确的。接下来如何确信该程序完成二分搜索任务需要大约 $\log_2 n$ 次比较呢？下面是计时脚手架的主循环：

```
while read(algnum, n, numtests)
    for i = [0, n)
        x[i] = i
    starttime = clock()
    for testnum = [0, numtests)
        for i = [0, n)
            switch (algnum)
```

```
                case 1:assert(binarysearch1(i) == i)
                case 2:assert(binarysearch2(i) == i)
    clicks = clock() - starttime
    print algnum, n, numtests, clicks,
        clicks/(1e9 * CLOCKS_PER_SEC * n *numtests)
```

该代码计算在 *n* 个不同元素构成的数组中进行一次成功的二分搜索所需要的平均运行时间。代码首先初始化数组，然后对数组中的每一个元素执行 *numtests* 次搜索。*switch* 语句选择需要测试的算法（脚手架应该总是可以对数个不同的程序进行检测）。*print* 语句报告三个输入值和两个输出值：时钟的原始值（观察这些值总是很关键）以及一个更容易解释的值（本例中为用纳秒表示的每次搜索的平均运行时间，纳秒单位在 *print* 语句中由转换系数 *1e9* 给出）。

下面是该程序在 400 MHz Pentium II 计算机上实际运行的情况（与以往一样，键入的输入数据采用斜体表示）：

```
1  1000 10000
1      1000     10000   3445    344.5
1  10000 1000
1      10000    1000    4436    443.6
1  100000  100
1      100000   100     5658    565.8
1  1000000 10
1      1000000 10       6619    661.9
```

第一行在一个 1 000 个元素的数组上对算法 1（到目前为止我们一直在研究的二分搜索）进行了 10 000 次测试，共花费了 3 445 个时钟单位（在该系统中用毫秒表示）。也就是说平均每次搜索需要 344.5 纳秒的时间。随后的三个测试每次将 *n* 扩大 10 倍，而将测试的次数减少为前一次的十分之一。搜索的运行时间看起来大约是 $50+30\log_2 n$ 纳秒。

接下来我编写了一个三行的程序来生成计时脚手架的输入。输出采用图形打印出来。如图所示，平均的搜索开销确实按 $\log n$ 增长。习题 7 研究了该脚手架的一个潜在的计时错误。在研究该习题之前，请先不要太相信这些数。

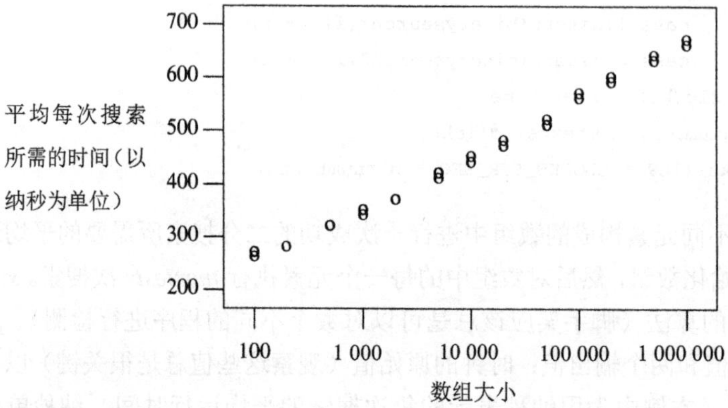

5.6　完整的程序

我相信用 C 语言实现的二分搜索程序是正确的。为什么？我仔细地将伪代码转换成方便的语言，然后使用分析技术验证了其正确性。我逐行将其转换成 C 语言程序，然后给出输入并观察其输出。我在代码各处都放置了断言，以确保我的理论分析和实际结果是一致的。计算机负责完成其擅长的工作，并用测试用例对程序进行了测试。最后，简单的实验表明其运行时间与理论预期的一样短。

有了这些保证，我应该可以放心地使用该程序在大系统中执行对有序数组的搜索了。如果在该 C 代码中发现逻辑错误，我会非常惊讶；但是如果发现许多其他类型的错误，我不会感到震惊。调用者有没有忘记对表进行排序？如果搜索的项不存在于表中，期望的返回值是-1 吗？如果目标项在表中多次出现，这个程序会任意返回一个下标；用户需要的到底是第一次还是最后一次出现的下标？还有诸如此类的许多其他问题。

该程序代码可以信赖吗？你可以信任我。（呵呵，但也不要什么话都相信啊，我现在有一座大桥要出售，你想不想买？）当然，还是应该从本书的网站上直接下载这个程序的代码，自己研究一下。这段代码包括到目前为止我们讨论过的所有函数，以及将在第 9 章讨论的几个二分搜索的变体。其主函数大致如下：

```
int main(void)
{   /* probe1(); */
    /* test(25); */
    timedriver();
    return 0;
}
```

注释掉上面三个函数中的两个，只保留一个函数调用，我们就可以用特定的输入运行程序、用测试用例测试函数或者进行计时实验。

5.7 原理

本章对一个小问题花费了大量的笔墨。该问题虽小，却不容易。回想 4.1 节提到的：虽然第一篇二分搜索论文在 1946 年就发表了，但是第一个对所有的 n 值都没有错误的二分搜索程序却直到 1962 年才出现。如果早期的程序员能够采用本章中讨论的方法，也许得到正确的二分搜索程序就用不着 16 年了。

脚手架。最好的脚手架通常是最容易构建的脚手架。对某些任务来说，最简单的脚手架由一个使用 Visual Basic、Java 或 Tcl 之类的语言实现的图形用户界面构成。对于上述每一种语言，我都在半小时之内实现过具有点击控件和良好的图形输出的小程序。不过，对于许多算法任务而言，我发现更容易的办法是，摒弃这些强大的工具并使用我们在本章中见过的更简单（也更易移植）的命令行技术。

编码。对于比较难写的函数，我发现最容易的方法是使用方便的高级伪代码来构建程序框架，然后将伪代码翻译成要实现的语言。

测试。在脚手架中对组件进行测试要比在大系统中更容易、更彻底。

调试。对隔离在其脚手架中的程序进行调试是很困难的，但是若将其嵌入真实运行环境中，调试工作会更困难。5.10 节讲述了一些调试大型系统的故事。

计时。如果运行时间不重要，线性搜索要比二分搜索简单得多；许多程序员都可以在第一次实现的时候得到正确的代码。正是由于运行时间非常重要，我们才引入了更加复杂的二分搜索，所以，我们应该进行实验以确保程序能够达到我们预期的性能。

5.8 习题

1. 全面评论一下本章以及本书的编程风格。解决变量名、二分搜索函数的形式和规范说明、代码的布局等方面的问题。

2. 将二分搜索的伪代码描述转换成 C 语言之外的其他编程语言，并建立脚手架对你的实现进行测试和调试。所使用的语言和系统对你有哪些帮助，又有哪些妨碍？

3. 在二分搜索函数中引入错误。如何通过测试捕获这些错误？脚手架是如何帮助你找出错误的？（这个练习最好作为一个双人游戏来完成，其中攻击方引入错误，而防御方则必须追踪错误）。

4. 重复习题 3，但是这次让二分搜索的代码保持正确而将错误引入调用二分搜索的函数中（例如忘记对数组进行排序）。

5. [R. S. Cox]一个常见的错误就是把二分搜索应用于未排序的数组，而在每次搜索前检测整个数组是否有序需要进行 n−1 次额外的比较。你能否为该函数添加部分检测程序，以显著降低检测的开销？

6. 实现一个用于研究二分搜索算法的图形用户界面。为增加调试效率而付出额外的开发时间是否值得？

7. 5.5 节的计时脚手架有一个潜在的计时错误：通过按顺序搜索每个元素，我们获得了非常有利的缓存性能。如果已知在潜在的应用中搜索是按相似的方式进行的，那么这是一个正确的程序框架（但是那样的话二分搜索恐怕并不是一个恰当的工具）。但是，如果我们希望搜索算法对数组的探测随机进行，那么我们也许还应该初始化并打乱一个排列向量

   ```
   for i = [0,n)
       p[i] = i
   scramble(p, n)
   ```

   然后按随机顺序执行搜索

   ```
   assert(binarysearch1(p[i]) == p[i])
   ```

   度量这两个版本的运行时间，看看是否存在差异。

8. 脚手架并未被充分利用，而且很少有公开的描述。查看你所能找到的任意脚手架，失望或许会驱使你去访问本书的网站。编写脚手架来测试一个你自己编写的复杂函数。

9. 从本书的网站上下载 search.c 脚手架程序，通过实验看看二分搜索程序在你机器上的运行时间。你打算使用哪些工具来生成输入以及存储并分析输出？

5.9　深入阅读

Kernighan 和 Pike 的 *Practice of Programming*[①]由 Addison-Wesley 出版社于 1999 年出版。他们使用了 50 页的篇幅来讲述调试（第 5 章）和测试（第 6 章）。这两章介绍了不可重现的错误、回归测试等超出本章范围的一些重要主题。

对每一个实际程序员来说，这本书的 9 章都很有吸引力并且很有趣。除了上面提到的两章外，其他各章的题目包括编程风格、算法与数据结构、设计与实现、接口、性能、可移植性和表示法。书中深入剖析了两个熟练程序员的编程技巧和风格。

本书的 3.8 节介绍了 Steve McConnell 的《代码大全》一书。该书的第 25 章讲述了“单元测试”，第 26 章描述了“调试”。

5.10　调试（边栏）

每个程序员都知道调试是很困难的。但是，伟大的调试人员可以使这个工作看起来很简单。心烦意乱的程序员向调试大师描述了一个他们花费数小时也没有捕捉到的错误，而大师询问了几个问题之后，他们花几分钟的时间就找到了错误代码。专业的调试人员永远也不会忘记，无论系统的行为乍看起来多么神秘莫测，其背后总有合乎逻辑的解释。

IBM 的 Yorktown Heights 研究中心发生的一件轶事可以说明这一点。一位程序员刚刚安装了一台新的工作站。当他坐着时一切正常，但是，一旦他站起来，就不能登录系统。这种情况是百分之百可重复的：坐着时，他总是可以登录系统；站着时，他总是不能登录系统。

我们中的多数人都不会采取任何行动，而仅仅是为此感到惊奇。工作站是如何知道这个可怜的家伙是坐着还是站着的呢？但是，优秀的调试人员知道其中必定有一个合理的解释。从电气原理角度最容易进行假设。是地毯下面的某根电线松动了，还是问题出在静电上？但是电气问题极少每次的现象都完全一致。一位机灵的同事最终问到了正确的问题：程序员坐着和站着时分别是如何登录的呢？伸出自己的手，尝试一下这两种登录方式吧。

问题出在键盘上：有两个键的键帽被交换了位置。当程序员坐着时，他采用盲打的方式进行登录，此时问题没有暴露出来。但是，当他站起来的时候，就不得不看着

① 该书英文影印版和中译版已由机械工业出版社引进出版，中文书名为《程序设计实践》。——编者注

键盘输入，也就误入歧途了。发现了这一点之后，一位专业调试人员使用一把改锥交换了那两个装错位置的键帽，于是一切恢复正常了。

芝加哥的一个银行系统已经正确运行了好几个月，但是第一次用于国际数据就出现了非正常退出。程序员们花费了几天的时间来清理代码，但是他们没有发现任何导致程序退出的错误命令。当他们更深入地观察该现象时，发现当为厄瓜多尔这个国家输入数据时程序出现了非正常退出。更进一步的观察发现，当用户键入其首都的名字基多（Quito）时，程序将其解释为退出请求。

Bob Martin 曾经遇到过一个“连续两轮仅首次运行正确”的系统。系统能正确处理第一个事务，但是在随后的所有事务中，总是有一个小错误。当系统重新启动后，又能正确处理第一个事务，而在随后的所有事务中又出现错误。当 Martin 将之形象地称为“连续两轮仅首次运行正确”时，程序开发人员立即知道需要去查找一个这样的变量：当程序加载时，该变量的初始化是正确的；但是在第一个事务之后没有正确地复位。

在所有的实例中，正确的问题都可以引导聪明的程序员快速找到可恶的错误：“坐着和站着时你所做的有何区别？我可以看着你按两种方式分别登录吗？”“在程序退出之前你到底输入了什么？”“程序在出错之前是否曾正确运行？正确运行了多少次？”

Rick Lemons 说，他上过的最好的一节程序调试课是观看一场魔术表演。魔术师表演了 6 个事实上不可能的戏法，Lemons 发现自己开始有点相信这是真的了。然后，他提醒自己，所有的这些都是不可能实现的，并且开始探究每个戏法的明显矛盾之处。他从自己已知的基础原理（物理学定律）开始，试图发现每个戏法的简单解释。这种态度令 Lemons 成为我见过的最优秀的调试人员之一。

我读过的最好的关于调试的书籍是由 Berton Roueché 编写的 The Medical Detectives。该书于 1991 年由 Penguin 出版社出版。书中的主人公们“调试”复杂的系统，其范围从病情一般的病人到重病的城镇。他们解决问题的方法可以直接应用于调试计算机系统。这些真实的故事与任何虚构的故事一样具有吸引力。

第二部分　性能

一个简单而又功能强大的程序，令用户欣喜而又不令开发者烦恼，这正是程序员的终极目标，也是本书前面 5 章讨论的重点。

现在我们将注意力转向令人欣喜的程序的一个具体的方面：效率。低效率的程序令其用户沮丧：等候很长的时间并因此失去许多机会。因此，下面的几章讨论提高程序性能的几种不同的途径。

第 6 章总结多种方法及其相互作用。随后的 3 章按照通常的次序讨论了 3 种改善运行时间的方法：

第 7 章论述在设计过程的早期阶段如何使用“粗略估算”来确保基本的系统结构具有足够的效率。

第 8 章讨论算法设计技术，有时候这些技术可以显著减少模块的运行时间。

第 9 章讨论代码调优，这一步通常在系统实现的后期完成。

在第二部分的最后，我们用第 10 章讨论程序性能的另一个重要方面：空间效率。

研究程序的效率有 3 个很充足的理由。首先是其在许多应用中固有的重要性。我敢打赌，本书的每一个读者都曾经失望地盯着监视器，迫切希望程序运行得更快一些。我认识的一个软件经理估计她有一半的开发预算用于提高程序的性能。许多程序有严格的时间要求，包括实时程序、大型数据库系统和交互式软件。

研究程序性能的第二个原因是教学意义。除了实际好处之外，效率是很好的训练手段。这些章节覆盖了从算法理论到常识性技术（如“粗略估算”）的各种思想。主旨在于训练思维的活跃性；这在第 6 章体现得尤其明显，该章鼓励我们从许多不同的视角来考虑同一个问题。

通过其他许多主题也能学到类似的东西。这些章也可以围绕用户界面、系统健壮性或安全性展开讨论。效率的一个优点是可以度量：例如，我们中的每个人都会认可一个程序的运行速度是另一个程序的2.5倍，但是当讨论用户界面时，则常常会陷入个人喜好之争。

研究程序性能的最重要的原因用1986年的电影《壮志凌云》（Top Gun）中的一句经典台词来描述最为恰当："I feel the need...the need for speed!"（"我感觉到了需要……对速度的需要！"）

本部分内容

第6章

程序性能分析

本章后面的三章描述了提高运行时效率的三种不同方法。在本章中，我们将会看到这些方法如何组合成一个整体：每种技术应用于构建计算机系统的几个设计层面之一。我们首先研究一个特定的程序，然后采用更加系统化的观点来看待系统设计的各个层面。

6.1 实例研究

1985年1月，*SIAM Journal on Scientific and Statistical Computing* 第6卷第1期的第85页～第103页上刊登了 Andrew Appel[①]的文章“An efficient program for many-body simulations”。通过在几个不同的层面上进行改进，Andrew Appel 将程序的运行时间从一年缩短为一天。

该程序解决了计算重力场中多个物体相互作用的经典“*n* 体问题”。给定物体的质量、初始位置和速度，该程序可以对三维空间中 *n* 个物体的运动进行仿真。想象一下，这些物体可以是行星、恒星或星系。在二维空间中，输入可能类似于下图：

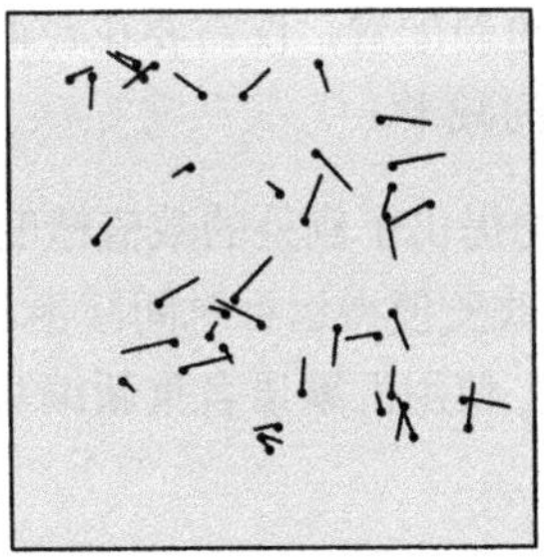

① Andrew Appel，计算机科学家，ACM 会士，普林斯顿大学教授。他在编译理论方面有较深造诣。著有“虎书”之称的《现代编译原理：C 语言描述》（人民邮电出版社，2006）。——编者注

Appel 的论文讨论了 $n=10\ 000$ 时的两个天体物理学问题。通过研究仿真运行，物理学家可以测试理论与天文观测的吻合程度。（若要了解该问题的更多细节和基于 Appel 方法的后续解决方案，参见 Pfalzner 和 Gibbon 的 *Many-Body Tree Methods in Physics* 一书，该书由剑桥大学出版社于 1996 年出版。）

显而易见的仿真程序将时间划分成小“步”，并计算每个物体在每一步的移动情况。由于程序需要计算每个物体对其他每一个物体的吸引力，每一时间步的开销正比于 n^2。Appel 估算出当 n=10 000 时，该算法在他的计算机上运行 1 000 个时间步大约需要一年的时间。

Appel 最终的程序在不到一天的时间内就解决了该问题（加速系数为 400）。从那以后，许多物理学家都采用了他的技术。下面简要总结一下他的程序，我们忽略的许多重要细节可以在他的论文中找到。该方法所传达出的重要信息是，可以通过在几个不同层面上的改进，来获得巨大的加速。

算法和数据结构。Appel 首先考虑要选择一个高效的算法。通过把物体表示为二叉树的叶结点，他将每个时间步 $O(n^2)$的开销减少为 $O(n\log n)$①。更高层的结点为物体簇。作用于特定物体上的力可以使用大物体簇所施加的力来近似，Appel 证明了这样的近似不会影响仿真的正确性。该二叉树有大约 $\log n$ 层，最终的 $O(n\log n)$算法与 8.3 节讨论的分治算法在思想上是相似的。Appel 的这一改进使得程序的运行时间缩短为原来的十二分之一。

算法调优。这一简单的算法总是使用小时间步处理两个粒子相互接近的罕见情况。树数据结构允许我们用一个特殊的函数来识别并处理这样的粒子对。这样就使得时间步加倍，从而使程序的运行时间减半。

数据结构重组。如果用表示初始物体集合的树来表示后续的集合，效果会很差。在每个时间步对数据结构进行重新配置，仅需要花费很少的时间，却可以减少局部计算的次数，从而使总的运行时间减半。

代码调优。由于树数据结构提供了额外的数值精度，64 位的双精度浮点数可以用 32 位单精度浮点数代替；这一改变使得运行时间减半。对程序的性能监视表明，98%的运行时间都花在一个函数上；使用汇编语言重新编写该函数，可以将运行速度提升为原来的 2.5 倍。

① “大 O”表示法 $O(n^2)$可以理解为“正比于 n^2”，$15n^2+100n$ 和 $n^2/2-10$ 都是 $O(n^2)$。更形式化一些，$f(n)=O(g(n))$ 意味着对某个常数 c 和足够大的 n，有 $f(n)<cg(n)$ 成立。该表示法的形式化定义可以在算法设计或者离散数学的教科书上找到。8.5 节说明了该表示法与程序设计的相关性。

硬件。在经过上述所有改进之后，程序在价值 25 万美元的部门机器上运行仍需要两天的时间，而且该程序需要运行好几次。于是，Appel 将程序转移到一个稍贵一些的、装配有加速器的机器上运行，这使得运行时间再次减半。

上面描述的所有改进累积起来就得到了总的加速系数 400。Appel 最终的程序完成 10 000 个物体的仿真需要大约一天的时间。但是，加速是有代价的。简单的算法也许只要几十行代码就可以实现了，而快速程序则需要 1 200 行代码。Appel 花了几个月的时间才完成了该快速程序的设计和实现。加速的情况汇总在下表中。

设计层面	加速系数	改　进
算法和数据结构	12	二叉树使得 $O(n^2)$的运行时间缩短为 $O(n\log n)$
算法调优	2	使用较大时间步
数据结构重组	2	产生适合树算法的簇
与系统无关的代码调优	2	使用单精度浮点数代替双精度浮点数
与系统相关的代码调优	2.5	使用汇编语言重新编写关键函数
硬件	2	使用浮点加速器
总　计	400	

该表格说明了各种加速之间的几种依赖关系。最主要的加速是使用树数据结构，它是后续三个改进的前提条件。最后的两个加速（使用汇编语言和使用浮点加速器）在本例中与树数据结构无关。树数据结构对超级计算机的运行时间影响较小（超级计算机的管道体系结构非常适合原先的简单算法）；算法加速并不是一定要独立于硬件的。

6.2　设计层面

一个计算机系统可以在很多层面上进行设计：从高层的软件结构一直深入到硬件中的晶体管。下面的总结是对设计层面的直观导引，请不要将其看作正式的分类。[①]

问题定义。追求快速系统，可能在定义该系统需要解决的问题时就已经注定成败了。在我写这一段文章的那天，一个供货商告诉我他无法供货，因为采购单在本部门

① 本章讨论的主题我是从 Raj Reddy 和 Allen Newell 的论文“Multiplicative speedup of systems”中学到的。（该论文发表于 *Perspectives on Computer Science*，由 A. K. Jones 编辑并由 Acadamic 出版社于 1977 年出版。）他们的论文描述了不同设计层面上的加速，对硬件和系统软件上的加速描述得尤其详细。（Raj Reddy 为 1994 年图灵奖得主，李开复的导师。Allen Newell 为 1975 年图灵奖得主。——编者注）

和本公司采购部之间的某个环节弄丢了。大量类似的采购单导致采购完全无法进行，因为本部门中有 50 个人都各自下了单。在部门管理人员和公司的采购部进行了友好协商以后，50 份采购单被合并成一份大采购单。这样不仅使得两个部门的管理工作得以简化，也使得计算机系统某一部分的运行速度变成了原来的 50 倍。优秀的系统分析员应该时刻留意此类改进，无论在系统部署之前还是之后。

有时候，良好的问题定义可以避免用户对问题需求的过高估计。第 1 章介绍了如何在排序程序中通过把一些关于输入的重要事实考虑进来，从而使运行时间和程序长度都减少一个数量级。问题定义和程序效率之间具有复杂的相互影响。例如，良好的错误恢复能力会使编译器运行得稍慢一些，但是通常会由于减少了总的编译次数而缩短总的时间。

系统结构。将大型系统分解成模块，也许是决定其性能的最重要的单个因素。在构建出整个系统的框架以后，设计者需要完成简单的“粗略估算”（将在第 7 章讨论），以确保程序的性能在正确的范围之内。由于提高新系统的效率比改进已有系统的效率要容易得多，所以，性能分析在系统设计阶段至关重要。

算法和数据结构。获得快速模块的关键通常是表示数据的结构和操作这些数据的算法。Appel 程序的最大改进就是用 $O(n\log n)$算法取代了 $O(n^2)$算法。第 2 章和第 8 章讨论了相似的加速方法。

代码调优。Appel 对代码做了一些小改进，就获得了 5 倍的加速。第 9 章专门讨论这个问题。

系统软件。有时候改变系统所基于的软件比改变系统本身更容易。对于系统中的查询操作，新的数据库系统是否更快？对于当前任务的实时性限制，另一个操作系统是否更合适？所有可能的编译器优化都启用了吗？

硬件。更快的硬件可以提高系统的性能。通用计算机通常都足够快了，可以通过在同一处理器或多处理器上提高时钟速度来实现加速。声卡、显卡和其他的卡将中央处理器的工作转移到小型的、快速的专用处理器上，游戏设计者特别善于使用这些设备来实现巧妙的加速。例如，专用的数字信号处理器（DSP）可以使廉价的玩具和家用电器能与人交流。Appel 给现有机器添加浮点加速器的解决方案是这两个极端方法的一个折中。

6.3 原理

由于预防远胜于治疗，我们应当牢记 Gordon Bell[①]在为 DEC 公司设计计算机时所观察到的事实：

计算机系统中最廉价、最快速且最可靠的元件是根本不存在的。

这些缺失的元件同时也是最精确（从不出错）、最安全（无法入侵）且最容易设计、文档化、测试和维护的。简单设计的重要性怎么强调都不过分。

当程序性能问题无法回避时，考虑设计层面会有助于程序员集中精力解决问题。

*如果仅需要较小的加速，就对效果最佳的层面做改进。*对于效率，大多数程序员都有自己的下意识反应："改变算法"或"调整排队规则"会脱口而出。决定在某一特定层面着手之前，请先考虑一下所有可能的设计层面，然后选择"性价比"最高的那一个：投入最小的精力就可以获得最大加速系数的那个设计层面。

*如果需要较大的加速，就对多个层面做改进。*要取得 Appel 那样的大幅加速，必须从各个不同的方向对问题进行深入研究，这通常需要付出巨大的努力。如果在任一设计层面上的改进都独立于其他层面的改进，那么各个层面上的加速系数可以相乘。

第 7 章、第 8 章和第 9 章讨论了在 3 个不同设计层面上的加速，在考虑各个独立的加速时要有全局观念。

6.4 习题

1．假设现在的计算机比 Appel 做实验时所用的计算机快 1 000 倍。如果使用相同的总计算时间（大约一天），对于 $O(n^2)$算法和 $O(n\log n)$算法，问题的规模 n 分别增加到多少？

2．在各个不同的设计层面讨论下列问题的加速：对 500 位的整数进行因子分解、傅里叶分析、模拟 VLSI 电路、在大文本文件中搜索给定字符串。讨论各个加速方法之间的依赖性。

3．Appel 发现，将双精度运算改为单精度运算，可以令他的程序运行速度加倍。选择一个合适的测试，在你的计算机系统中度量这种加速效果。

---

① Gordon Bell（1934—），著名计算机科学家，美国科学院、工程院院士，ACM 和 IEEE 会士。他为 DEC 公司设计了 PDP 计算机的多个版本，并领导开发了 VAX 计算机。冯 • 诺依曼奖得主。——编者注

4. 本章集中讨论了运行时效率。程序性能的其他常见度量包括容错性、可靠性、安全性、开销、开销/性能、精度以及对用户错误的健壮性。讨论如何在几个不同的设计层面上对这些问题进行改进。

5. 讨论在不同的设计层面上使用最新技术所需的开销。要求包括所有可度量的开销：开发时间（人月）、可维护性和费用。

6. 有这样一句流传很久的谚语："效率永远排在正确性后面——如果程序的运行结果是错误的，速度再快也没有用。"这句话正确吗？

7. 讨论如何从不同的层面处理日常生活中的问题，如交通事故导致的受伤。

6.5　深入阅读

Butler Lampson①的"Hints for Computer System Design"一文发表在 1984 年 1 月 1 日的 *IEEE Software* 1 上。其中的许多提示都是关于性能的。他的论文特别适合于集成硬件和软件的计算机系统设计。

① Butler Lampson（1943—），著名计算机科学家，1992 年图灵奖得主，ACM 会士，现为微软件研究院院士和 MIT 兼职教授。他是 Xerox PARC 创始人之一，参与开发了激光打印机、以太网等革命性技术。——编者注

第 7 章

粗略估算

在一次关于软件工程的有趣讨论中，Robert Martin[①]突然问我："密西西比河一天流出多少水？"因为在这之前我正洗耳恭听他的真知灼见，所以，我有礼貌地止住自己的惊讶说："请再说一遍。"当他重复这个问题的时候，我意识到自己别无选择，只有迁就一下这个可怜的家伙。很明显他已经在经营大型软件企业的巨大压力下崩溃了。

我的回答大致如下。我估算出河的出口大约有 1 英里（1 英里=1.609 公里）宽和可能 20 英尺（1 英尺=0.305 米）深（即 1/250 英里）。我猜测河水的流速是每小时 5 英里，或者说每天 120 英里。由乘式

$$1\text{ 英里}\times 1/250\text{ 英里}\times 120\text{ 英里/天}\ \approx\ 1/2\text{ 英里}^3\text{/天}$$

可知，密西西比河每天大约流出半立方英里水，误差在一个数量级之内。但是这又能说明什么呢？

这时候，Martin 从桌子上拿起一份他的公司为夏季奥林匹克运动会构建的通信系统提案，并进行了一系列类似的计算。在我们谈话的时候，他通过度量给自己发送一封单字符邮件所需要的时间，估算出了一个关键参数，其他的数则都是直接取自提案，因此相当精确。他的计算与上面有关密西西比河的计算一样简单，但更能说明问题。计算显示，即使在宽松的假设下，提案中的系统也只有在每分钟至少有 120 秒的情况下才能正常运转。前一天他已经将该设计驳回重做了。（这次对话大约发生在奥林匹克运动会开幕前一年，最终的系统在奥林匹克运动会中运行得很好，没有出现任何故障。）

---

① Robert Martin，著名软件工程师和技术顾问。ObjectMentor 公司创始人和总裁。曾任 *C++ Report* 杂志的主编。撰写了名著《敏捷软件开发：原则、模式与实践》（有 Java 及 C#版，人民邮电出版社，2007）。——编者注

这就是 Bob Martin 引入“粗略估算”这一工程技术的神奇方式（或许有点古怪）。“粗略估算”在工程院校中是标准课程，对多数从业工程师来说则是谋生的必备技能。遗憾的是，在实际计算中该方法往往被忽略。

7.1　基本技巧

下面这些提示在进行粗略估算时很有用。

两个答案比一个答案好。 当我问 Peter Weinberger[①]密西西比河每天流出多少水时，他回答：“与流入的一样多。”随后，他估算出密西西比流域的面积大约为 1 000 英里×1 000 英里，每年的降雨径流量大约为 1 英尺（或者说 1/5 000 英里）。于是可以得到如下等式：

$$1\,000\text{ 英里}\times 1\,000\text{ 英里}\times 1/5\,000\text{ 英里/年}\approx 200\text{ 英里}^3\text{/年}$$

$$200\text{ 英里}^3\text{/年/400 天/年}\approx 1/2\text{ 英里}^3\text{/天}$$

或者说每天半立方英里多一点。仔细检查所有的计算是很重要的，对于快速估算尤其如此。

我们来做一个三重检验吧。某年鉴记载，密西西比河每秒的排水量是 640 000 立方英尺。从该数据出发有如下计算：

$$640\,000\text{ 英尺}^3\text{/秒}\times 3\,600\text{ 秒/小时}\approx 2.3\times 10^9\text{ 英尺}^3\text{/小时}$$

$$2.3\times 10^9\text{ 英尺}^3\text{/小时}\times 24\text{ 小时/天}\approx 6\times 10^{10}\text{ 英尺}^3\text{/天}$$

$$6\times 10^{10}\text{ 英尺}^3\text{/天/（5 000 英尺/英里）}^3\approx 6\times 10^{10}\text{ 英尺}^3\text{/天/（}125\times 10^9\text{ 英尺}^3\text{/英里}^3\text{）}$$
$$\approx 60/125\text{ 英里}^3\text{/天}$$
$$\approx 1/2\text{ 英里}^3\text{/天}$$

两次估算的结果很接近，而且都与根据年鉴得到的计算结果很接近，这真是够巧的。

快速检验。 Polya 在他的 *How to Solve It* 一书中用了 3 页篇幅讨论“量纲检验”。他将该方法描述为一种“检验几何或物理等式的快速而有效的著名方法”。第一个法则是和式中各项的量纲必须相同，这个量纲同时也是最终求和结果的量纲——可以把英尺相加得到英尺，但是不能把秒和磅相加。第二个法则是乘积的量纲是各乘数

① Peter Weinberger，著名计算机科学家，现在 Google 任职。他是 Awk 语言的设计者之一（Awk 中的 w），曾任贝尔实验室计算机科学研究部主任。——编者注

量纲的乘积。上面的例子同时遵循这两条法则；如果不考虑常数，以下乘式具有正确的形式：

$$(\text{英里}+\text{英里})\times\text{英里}\times\text{英里}/\text{天}=\text{英里}^3/\text{天}$$

对于跟上面类似的复杂表达式，一个简单的表格可以帮助我们明了其量纲。要进行 Weinberger 的计算，首先列出 3 个原始的因数。

1 000 英里	1 000 英里	1 英里
		5000 年

接下来通过约分简化表达式，得到运算的结果 200 英里 3/年。

~~1 000~~ ~~英里~~	~~1 000~~ ~~英里~~	~~1~~ ~~英里~~	200 英里^3
		~~5 000~~ 年	

然后除以（近似的）常数 400 天/年。

~~1 000~~ ~~英里~~	~~1 000~~ ~~英里~~	~~1~~ ~~英里~~	200 英里^3	年
		~~5 000~~ 年		400 天

再次约分就得到了熟悉的结果：每天半立方英里。

~~1 000~~ ~~英里~~	~~1 000~~ ~~英里~~	~~1~~ ~~英里~~	~~200~~ 英里^3	~~年~~	1
		~~5000~~ ~~年~~		~~400~~ 天	2

这样的列表计算可以使量纲一目了然。

量纲检验检验的是等式的形式。对于乘除法，可以使用计算尺时代的一种古老方法来检验：分别计算第一个数位和指数。对于加法，可以进行多种快速检验。

```
3142      3142      3142
2718      2718      2718
+1123     +1123     +1123
-----     -----     -----
983       6982      6973
```

第一个和的数位过少，而第二个和在最低有效位出错了。“舍九法”揭示出了第三个例子中的错误：三个加数的数字总和对 9 取模得 8，而和数的数字总和对 9 取模得 7。在正确的加法中，加数的数字总和与和数的数字总和模 9 相等。

最重要的是，不要忘记常识性的东西：要对诸如密西西比河每天流出 450 升水之类的计算表示怀疑。

经验法则。我最初是在一节会计课上了解到“72 法则”的。假设以年利率 r%投资一笔钱 y 年，金融版本的“72 法则”指出，如果 $r\times y=72$，那么你的投资差不多会翻倍。该近似相当精确：以年利率 6%投资 1 000 美元 12 年，可得到 2 012 美元；以年利率 8%投资 1 000 美元 9 年，可得到 1999 美元。

72 法则用于估算指数过程的增长非常便利。如果一个盘子里的菌群以每小时 3%的速率增长，那么其数量每天都会翻倍。翻倍使程序员回忆起了熟悉的经验法则：由于 2^{10}=1 024，10 次翻倍大约是 1 000 倍，20 次翻倍大约是 100 万倍，30 次翻倍大约是 10 亿倍。

假设一个指数程序解决规模为 n=40 的问题需要 10 秒的时间，并且 n 每增加 1 运行时间就增加 12%（我们也许可以通过在对数坐标纸上描点的方法来知道这一点）。72 法则告诉我们，n 每增加 6，运行时间就加倍。或者，n 每增加 60，运行时间就增加为原来的 1 000 倍。于是，当 n=100 时，程序将运行 10 000 秒，或者说几小时。但是当 n 增加到 160 时，运行时间增加到 10^7 秒是什么概念呢？这到底是多长时间？

你可能会觉得难以记住一年有 3.155×10^7 秒。而另一方面，要忘记 Tom Duff 的便捷经验法则也很不容易：在误差不超过千分之五的情况下，

> π秒就是一个纳世纪。①

由于指数程序需要运行 10^7 秒，所以我们应该做好等上大约 4 个月时间的准备。

实践。与其他许多活动一样，估算技巧只能通过实践来提高。尝试本章末尾的习题以及附录 B 中的估算测试（我曾经做过一个类似的测试，该测试给我上了非常必要的一课，使我学会了谦虚地看待自己的估算能力）。7.8 节讨论了日常生活中的速算。多数工作场合都提供了大量的快速估算机会。某只箱子中包装用的发泡塑料球有多少个？在你的公司中人们每天需要花多少时间来排队等候上午茶、午餐、影印机或者其他类似的东西？这些时间又消耗公司多少薪水？下次你在午餐桌边百无聊赖的时候，可以问问你的同事密西西比河每天流出多少水。

7.2　性能估计

现在来看一个速算的例子。数据结构（链表或散列表等）中的结点中存储着一个整数和一个指向另一结点的指针。

```
struct node { int i; struct node *p; };
```

① 1 纳秒=10^{-9} 秒，1 纳世纪=$10^{-9}\times100$ 年=10^{-7} 年。——审校者注

请粗略估算：两百万个这样的结点是否可以装入 128 MB 内存的计算机中？

查看系统性能监视器可知，我机器上的 128 MB 内存通常只有 85 MB 空闲。（我通过运行第 2 章的向量旋转程序并观察何时因内存不够用而开始使用磁盘来验证了这一点。）但是一个结点占用多少内存呢？在过去的 16 位机时代，一个指针和一个整数共占用 4 字节；在我编写这本书的时候，32 位的整数和指针已经非常普遍，因此我预计答案是 8 字节；有时我还会在 64 位模式下编译程序，所以还有可能占用 16 字节。我们可以使用如下的一行 C 语句来找出在任何特定系统中占用的字节数。

```
printf("sizeof(struct node)=%d\n", sizeof(struct node));
```

正如我预计的一样，我的系统中每条记录占用 8 字节。两百万个结点总共只需要 16 MB 的空间，很轻松地就可以装入 85 MB 的空闲内存中。

但是，当我使用两百万条这样的 8 字节记录时，为什么机器上的 128 MB 内存会像疯了一样不够用呢？问题的关键是我使用了 C 语言中的 *malloc* 函数（类似于 C++中的 *new* 运算符）来为这些记录动态分配空间。我曾假定那些 8 字节的记录都额外占用了 8 字节的空间，因此所有这些结点预计共需要约 32 MB 的空间。事实上每个结点多占用了 40 字节的空间，于是每条记录就占用了 48 字节。这样一来，两百万条记录就需要使用总计 96 MB 的空间。（但是在其他系统和编译器上，每条记录仅多占用 8 字节。）

附录 C 描述了一个用于探测常用数据结构空间开销的程序。该程序输出的第一部分由 *sizeof* 操作符构成：

```
sizeof(char)=1     sizeof(short)=2        sizeof(int)=4
sizeof(float)=4    sizeof(struct *)=4     sizeof(long)=4
sizeof(double)=8
```

我在自己的 32 位编译器上也精确地估计出了这些值。进一步的实验度量出了由存储分配器返回的连续指针之间的差别，这一差别是对记录大小的一种看似合理的猜测。（还应该使用其他的工具来验证这一粗略的猜测。）现在我明白了，如果使用这种耗费空间的分配器，1~12 字节的记录需要消耗 48 字节的内存空间，13~28 字节的记录需要消耗 64 字节的内存空间，依次类推。我们将在第 10 章和第 13 章中再次讨论这个空间模型。

下面再做一个速算的测验。已知某数值算法的运行时间主要取决于其 n^3 次的开方运算，这里 n=1 000。大约需要多长时间才能完成 10 亿次开方运算呢？

为了在我自己的系统中得到答案，我从下面的简单 C 程序开始：

```
#include <math.h>
int main(void)
{   int i, n = 1000000;
    float fa;
    for (i = 0; i < n; i++)
        fa = sqrt(10.0);
    return 0;
}
```

我运行该程序，并用一条命令来报告其运行时间。（我在计算机旁边放了一块旧电子表来检验该运行时间。电子表的表带坏了，但是具有秒表功能。）我发现程序进行百万次开方运算大约需要 0.2 秒，进行千万次开方运算大约需要 2 秒，进行亿次开方运算大约需要 20 秒；由此推断进行 10 亿次开方运算大约需要 200 秒的时间。

但是在实际的程序中，一次开方运算真的需要 200 纳秒吗？实际的程序可能会慢很多：或许是因为开方函数缓存了最近的参数作为计算的起始值；寄希望于用相同的参数来重复调用一个函数以减少运行时间不太现实。另一方面，实际的程序也可能会快很多：我在编译该程序的时候禁用了优化功能（优化会删除计时循环，进而导致运行时间始终为零）。附录 C 描述了如何扩展这个小程序，来产生在给定系统上执行基本 C 运算所需时间开销的整页描述。

网络的速度到底有多快？我键入 *ping machine-name* 进行测试。*ping* 本楼的机器需要几毫秒的时间，因此这也代表了启动时间。运气好的时候，我可以在 70 毫秒的时间内 *ping* 上美国另一侧海岸的计算机（以光速完成这段往返 5 000 英里的行程大约需要 27 毫秒）；运气不好的时候，会在等待 1 000 毫秒之后出现超时。对大型文件复制时间的度量表明，10 Mbit/s 的以太网每秒可以传送 1 MB 的内容（也就是说，达到了其潜在带宽的 80%）；类似地，100 Mbit/s 的以太网每秒可以传送 10 MB 的内容。

可以通过一些小实验来获得关键参数。数据库设计者应当知道读写记录、连接各种表格所需的时间。图形程序员应当知道关键屏幕操作的开销。今天花一点时间来做这些小实验是值得的，因为它们能帮助我们在将来做出明智的决策，从而节省更多的时间。

7.3 安全系数

计算的输入决定了其输出的质量。基于良好的数据，简单的计算也可以得到精确的计算结果，这些计算结果有时候特别有用。Don Knuth 曾经编写过一个磁盘排序程序，却发现其运行时间是他预先计算出来的时间的两倍。经过细致的检查，他找出了问题所在：由于一个软件错误，系统中用了一年的那些磁盘的运转速度仅为其额定速度的一半。修正了该错误之后，Knuth 的排序程序的运行速度与预期的一样快了，而且其他与磁盘紧密相关的程序也运行得更快了。

不过，漫不经心的输入常常也可以得到正确的结果。（附录 B 中的测试可以帮助你评估自己的估算能力。）如果你估计这里有 20%的误差，那里有 50%的误差，却依然发现实际设计结果与设计要求相差 100 倍，那么额外的精度就没有意义了。在对 20%的误差幅度给予太多信心之前，请听听 Vic Vyssotsky 多次在讲话中给出的建议。Vyssotsky 说：

> 你们中的大多数人，或许都能够回忆起 1940 年在一场风暴中断裂的外号“Galloping Gertie”的塔科马纳罗斯大桥的样子。在那之前的大约 80 年里，已经有数座悬索桥以同样的方式断掉了。这是一种气动上升现象。如果想对受力进行正确的工程计算（涉及很大的非线性），需要使用数学方法和 Kolmogorov[①]的思想为涡旋谱建模。直到 20 世纪 50 年代前后，人们才知道如何进行正确的计算。那么，为什么布鲁克林大桥没有如 Galloping Gertie 一样断裂呢？
>
> 这是因为 John Roebling 清楚地知道自己对哪些问题不了解。与设计布鲁克林大桥有关的笔记和信函现在还保存着，这些笔记和信函是优秀工程师了解自己知识局限性的很好的例子。他知道悬索桥有气动上升现象，并且进行了仔细的观察；但他也知道自己不清楚如何为之建模。于是他就将布鲁克林大桥车行道的托架的强度按照基于已知的静态和动态负荷的正常计算结果的 6 倍设计。此外，他还对延伸到车行道的斜拉网络进行了特别地设计，以加强整座桥的强度。看看这些方法，独一无二。
>
> 当 Roebling 被问到他设计的大桥是否会如其他许多大桥一样垮掉时，他说：“不会，因为我按照所需强度的 6 倍设计了这座大桥，可以防止那种情况的发生。”
>
> Roebling 是一位优秀工程师，他通过使用很大的安全系数来补偿自己的知识局限，从而建造了一座高质量的大桥。我们又该怎样做呢？我建议为了补偿我们的知识局限，在估算实时软件系统性能的时候，以 2、4 或 6 的系数来降低对性能的估计；在做出可靠性/可用性保证时，给出一个比我们认

① Andrey Kolmogorov（1903—1987），20 世纪最伟大的前苏联数学家之一，享有世界声誉，在概率、拓朴、计算复杂性、力学等诸多领域都有重要贡献。1980 年获沃尔夫奖。——编者注

为能达到的目标差 10 倍的结果；在估算规模、开销和时间进度时，给出保守 2 倍或 4 倍的结果。我们应该按照 John Roebling 的方式进行设计，而不是按照其同代人的方式进行设计——据我所知，美国已经没有 Roebling 同代人所设计的悬索桥了；在 19 世纪 70 年代建造的各种类型的大桥中，有四分之一在建成之后的 10 年之内就垮掉了。

我们是和 John Roebling 一样的工程师吗？我很怀疑。

7.4　Little 定律

大多数粗略估算都基于显而易见的法则：总开销等于每个单元的开销乘以单元的个数。但是，有时我们需要更为深入的洞察。Bruce Weide 描述了一个令人惊奇的通用法则。

Denning 和 Buzen 介绍的“运筹分析”（参见 *Computing Surveys* 第 10 卷第 3 期，1978 年 11 月，第 225 页～第 261 页）远比计算机系统中的排队网络模型具有普遍意义。他们的研究很出色，但是由于文章主题的限制，他们没有阐明 Little 定律的一般性。他们的证明方法与队列或计算机系统都没有关系。考虑一个带有输入和输出的任意系统，Little 定律指出“系统中物体的平均数量等于物体离开系统的平均速率和每个物体在系统中停留的平均时间的乘积。”（并且如果物体离开和进入系统的总体出入流是平衡的，那么离开速率也就是进入速率。）

我在俄亥俄州立大学的计算机体系结构课程中教授这一性能分析方法。但是我试图强调该结论是系统论中的一个通用法则，并且可以应用到许多其他类型的系统中去。例如，假设你正在排队等待进入一个火爆的夜总会，你可以通过估计人们进入的速率来了解自己还要等待多长时间。依据 Little 定律，你可以推论：“这个地方可以容纳约 60 人，每个人在里面逗留的时间大约是 3 小时，因此我们进入夜总会的速率大概是每小时 20 人。现在队伍中我们前面还有 20 人，这也就意味着我们需要等待大约一小时。不如我们回家去读《编程珠玑》吧。”我想这下你应该明白了。

Peter Denning 简明扼要地将这条法则表述为“队列中物体的平均数量为进入速率与平均停留时间的乘积”。他将这条法则应用于他的酒窖：“在我的地下室里有 150 箱酒，我每年喝掉 25 箱并买入 25 箱，那么每箱酒保存的时间是多长？Little 定律告诉我，用 150 箱除以 25 箱/年，得到答案 6 年。”

随后他转向更严肃的应用。“可以用 Little 定律和流平衡的原理来证明多用户系统中的响应时间公式。假定平均思考时间为 z 的 n 个用户同时登录到响应时间为 r 的任意系统中。每个用户周期都由思考和等待系统响应两个阶段组成，因此整个元系统（包括用户和计算机系统）中的作业总数固定为 n。如果切断系统输出到用户的路径，你就会发现元系统的平均负荷为 n、平均响应时间为 $z+r$ 而吞吐量为 x（用每个时间单位处理的作业数来度量）。Little 定律告诉我们 $n=x\times(z+r)$，对 r 求解得到 $r = n/x-z$。”

7.5 原理

在进行粗略估算的时候，要切记爱因斯坦的名言：

> 任何事都应尽量简单，但不宜过于简单。

我们知道简单计算并不是特别简单，其中包含了安全系数，以补偿估算参数时的错误和对问题的了解不足。

7.6 习题

附录 B 的测试提供了一些额外的习题。

1. 贝尔实验室距离狂野的密西西比河有大约 1 000 英里，而我们距离平时比较温和的帕塞伊克河只有几公里。在一星期的倾盆大雨之后，1992 年 6 月 10 日出版的 *Star-Ledger* 援引一位工程师的话说：“帕塞伊克河的流速为每小时 200 英里，大约是平时的 5 倍。”对此你有何评论？
2. 在什么距离下骑自行车的送信人使用移动存储介质传递信息的速度高于高速数据线的数据传输速度？
3. 手动录入文字来填满一张软盘需要多长时间？
4. 假设整个世界变慢为原来的百万分之一。你的计算机执行一条指令需要多长时间？你的磁盘旋转一周需要多长时间？磁盘臂在磁盘上搜索需要多长时间？键入自己的名字又需要多长时间？
5. 证明为什么“舍九法”可以正确地检验加法。如何进一步检验“72 法则”？关于这个法则你能证明些什么？
6. 联合国估算 1998 年的世界人口为 59 亿，年增长率为 1.33%。如果按这个速率下去，到2050年世界人口会是多少？

7. 附录C描述了对系统进行时间和空间开销建模的程序。阅读这些模型，并写下你对自己系统的时间和空间开销的猜测。然后从本书的网站上下载这些程序，在你的系统上运行，并将所得的估算值和你的猜测进行比较。

8. 请使用速算估计一下本书勾勒出的那些设计方案的运行时间。

   a. 估计一下这些程序和设计方案的时间和空间需求。

   b. 大O表示法可以看作是速算的形式化，该表示法仅考虑增长率而忽略了常系数。使用第6章、第8章、第11章至第15章中算法的大O运行时间估算这些算法实现为程序后的运行时间。请将你的估算值与各章中的实验结果进行比较。

9. 假设系统处理一个事务需要执行100次磁盘访问（尽管有些系统需要的次数可能会少些，但有些系统则需要数百次的磁盘访问）。该系统在每个磁盘中每小时可以处理多少事务?

10. 请估计一下你所在城市的死亡率，用每年的总人口百分比来度量。

11. [P. J. Denning]请给出Little定律的概要证明。

12. 一篇报纸文章称，25美分硬币的“平均寿命是30年”。如何检验该论述的真伪呢？

7.7 深入阅读

我最钟爱的数学常识方面的书籍就是1954年出版的Darrell Huff的经典书籍*How To Lie With Statistics*[①]，这本书由Norton出版社在1993年重新发行。现在看来，书中的例子有些老了（比如其中说某些富人每年可以挣到惊人的2.5万美元!），但是书中的原理却是永远正确的。John Allen Paulos的《数盲：数学无知者眼中的迷惘世界》论述了1990年解决类似问题时所采用的方法（Farrar, Stratus and Giroux出版社出版）。

物理学家很了解这个话题。本章发表在《ACM通讯》上以后，Jan Wolitzky写道：

> 我经常听到有人根据物理学家费米的名字，将“粗略估算”称为“费米近似”。故事的梗概如下：费米、奥本海默以及其他一些曼哈顿项目的骨

① 该书中译版已由上海财经大学出版社出版，中文书名《统计陷阱》。——编者注

干人员隐蔽在一堵低矮的防冲击波墙的后面，等待数千码之外的第一个核装置的爆炸（1 码约为 0.91 米）。费米将几张纸撕成小碎片，当看到火光一闪时，即把碎片撒向空中。等冲击波过去之后，他用脚步测量出纸片飞过的距离，然后通过快速的“粗略估算”得出了炸弹的爆炸当量。很久之后这个数得到了昂贵监视设备的确认。

搜索字符串“back of the envelope”和“Fermi problems”可以找到大量的相关网页。

7.8　日常生活中的速算（边栏）

本章在《ACM 通讯》上发表以后，引来了许多有趣的信件。有位读者提到，他曾听一则广告说，某位销售员驾驶新车在一年之内行驶了 100 000 英里(约 16 万千米)，于是他要他的儿子验证一下这个说法是否成立。这里有一个快速的答案：每年有 2 000 个工作小时（50 周×40 小时/周），销售员可能平均每小时行驶 50 英里；若忽略实际用于销售的时间，则其乘积刚好是广告中所说的数。因此广告的说法超出了可信范围。

日常生活为我们提供了许多训练速算技能的机会。例如，去年你在餐馆就餐总共花了多少钱？一位纽约人经过快速计算后说他和他的妻子每个月花在出租车上的钱要比花在房租上的钱还要多，我听到后非常吃惊。加利福尼亚的读者（他们可能不知道什么是出租车）可以计算一下，如果用橡胶软管向游泳池注水，需要多长时间才能将其注满？

有几位读者说他们在孩提时代就已经学习过速算了。Roger Pinkham 这样写道：

我是一位教师，多年以来一直在向每一位听课的人讲授粗略估算。可是我却不可思议地失败了，看来只有怀疑主义者才能学好粗略估算。

是父亲教会了我这种速算的方法。我来自缅因州海岸，小时候有一次无意中听到了我父亲和他的朋友 Homer Potter 之间的谈话。Homer 坚持说两位来自康涅狄格州的女士一天就捕到了 200 磅（1 磅=0.454 公斤）龙虾。我父亲说，“让我们来算算。如果你 15 分钟捕一盆龙虾，每盆约 3 磅，那么每小时可以捕到 12 磅，或者说每天能捕到约 100 磅。我不相信这是真的!”

“是真的，” Homer 发誓说，“你什么都不相信!”但父亲就是不信他的话。两个星期后，Homer 说，“你知道吗，Fred? 那两位女士一天只捕到了 20 磅龙虾。”

父亲宽宏大量地咕哝到：“这样的话我就相信了。”

其他几位读者从父母和孩子的观点，分别讨论了如何将这种怀疑的态度传授给孩子。适合小孩的问题通常是“步行到华盛顿特区需要多长时间?”“今年我们用耙子清理了多少片树叶?”等形式。引导得当的话，这类问题似乎可以激发起孩子们终其一生的好奇心，代价是时常会激怒可怜的孩子们。

第 8 章

算法设计技术

第 2 章描述了算法设计对程序员的日常影响：算法上的灵机一动可以使程序更加简单。本章我们将发现算法设计的一个不那么常见但更富于戏剧性的贡献：复杂深奥的算法有时可以极大地提高程序性能。

本章就一个小问题研究了四种不同的算法，重点强调这些算法的设计技术。其中的一些算法稍微复杂一些，但合情合理。将要研究的第一个程序要花 15 天时间才能解决一个规模为 100 000 的问题，而最后一个程序在 5 毫秒时间内就解决了同样的问题。

8.1 问题及简单算法

问题来自一维的模式识别，后面会讲这个问题的来历。问题的输入是具有 n 个浮点数的向量 x，输出是输入向量的任何连续子向量中的最大和。例如，如果输入向量包含下面 10 个元素：

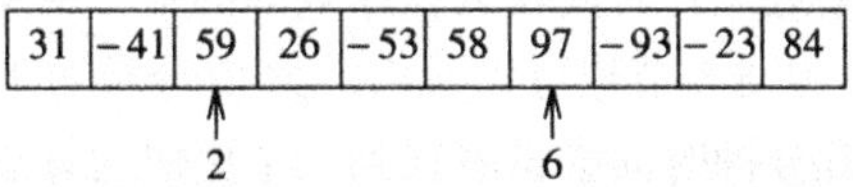

那么该程序的输出为 $x[2..6]$的总和，即 187。当所有数都是正数时，问题很容易解决，此时最大子向量就是整个输入向量。当输入向量中含有负数时麻烦就来了：是否应该包含某个负数并期望旁边的正数会弥补它呢？为了使问题的定义更加完整，我们认为当所有的输入都是负数时，总和最大的子向量是空向量，总和为 0。

完成该任务的浅显程序对所有满足 $0 \leqslant i \leqslant j < n$ 的(i, j)整数对进行迭代。对每个整数对，程序都要计算 $x[i..j]$的总和，并检验该总和是否大于迄今为止的最大总和。算法 1 的伪代码如下所示：

```
maxsofar = 0
for i = [0, n)
    for j = [i, n)
        sum = 0
        for k = [i, j]
            sum += x[k]
        /* sum is sum of x[i..j] */
        maxsofar = max(maxsofar, sum)
```

这段代码简洁、直观并且易于理解。不幸的是，程序的运行速度也很慢。例如在我的机器上，如果 n=10 000，该程序的运行时间约为 22 分钟；如果 n 为 100 000，则要运行 15 天的时间。我们将在 8.5 节详细讨论有关计时的问题。

这些时间很有趣，我们现在对于该算法效率的感受，跟 6.1 节用大 O 表示法描述时所获得的感受不一样。最外层的循环刚好执行 n 次，而中间循环在外循环的每次执行中至多执行 n 次。将这两个系数 n 相乘可知中间循环中的代码将执行 $O(n^2)$次。中间循环里面的内循环执行的次数不会超过 n，因此内循环的运行时间是 $O(n)$。将每次内循环的开销跟它的执行次数相乘，可以得知整个程序的运行时间与 n 的立方成正比。因此我们将该算法称为立方算法。

这个例子说明了大 O 分析方法及其众多的优缺点。其主要的缺点就是我们实际上仍然不知道对于任意特定的输入，程序的运行时间是多少，我们只知道步数的数量级是 $O(n^3)$。该缺点可以由大 O 分析方法的另外两个优点来弥补：大 O 分析通常比较容易实现（如上面所示）；而且其渐进运行时间用于粗略估算通常已经足够了，可以以此为依据判断程序是否满足具体应用的要求。

接下来的几节使用渐近运行时间作为程序效率的唯一度量。如果你不喜欢这些内容，请直接跳到 8.5 节。从 8.5 节也可以看出，大 O 分析对于该问题是非常有用的。在继续阅读之前，请花几分钟时间尝试着找到一个更快的算法。

8.2　两个平方算法

大多数程序员对算法 1 都有类似的反应：“有一个明显的方法可以使其运行起来快得多。”实际上有两个明显的方法，对给定程序员来说如果其中一个方法是显而易见的，那么另一个方法则通常不那么明显。这两个算法都是平方时间的（对于输入规模 n 来说，需要执行 $O(n^2)$步），都是通过在固定的步数而不是算法 1 的 $j-i+1$ 步内完成对 $x[i..j]$的求和来达到平方时间的。但是这两个平方算法在固定时间内计算总和时却使用了极为不同的方法。

第一个平方算法注意到，*x*[*i*..*j*]的总和与前面已计算出的总和（*x*[*i*..*j*-1]的总和）密切相关。利用这一关系即可得到算法 2。

```
maxsofar = 0
for i = [0, n)
    sum = 0
    for j = [i, n)
        sum += x[j]
        /* sum is sum of x[i..j] */
        maxsofar = max(maxsofar, sum)
```

第一个循环内的语句需要执行 *n* 次，第二个循环内的语句在每次执行外循环时至多执行 *n* 次，所以总的运行时间是 $O(n^2)$。

另一个平方算法是通过访问在外循环执行之前就已构建的数据结构的方式在内循环中计算总和。*cumarr* 中的第 *i* 个元素包含 *x*[0..*i*]中各个数的累加和，所以 *x*[*i*..*j*]中各个数的总和可以通过计算 *cumarr*[*j*]-*cumarr*[*i*-1]得到。从而我们可以得到算法 2b 的代码，如下所示：

```
cumarr[-1] = 0
for i = [0, n)
    cumarr[i] = cumarr[i-1] + x[i]
maxsofar = 0
for i = [0, n)
    for j = [i, n)
        sum = cumarr[j] - cumarr[i-1]
        /* sum is sum of x[i..j] */
        maxsofar = max(maxsofar, sum)
```

（习题 5 解决了访问 *cumarr*[-1]的问题。）这段代码的运行时间为 $O(n^2)$，其分析过程与算法 2 完全一样。

迄今为止，我们所看到的算法考虑了所有可能的子向量，并计算了每个子向量中所有数的总和。因为存在 $O(n^2)$个子向量，所以这些算法至少需要平方时间。你能想办法避免检测所有可能的子向量，从而获得运行时间更短的算法吗？

8.3 分治算法

我们的第一个次平方（subquadratic）算法很复杂，如果你不想陷入其烦琐的细节问题中，可以直接跳到下一节，那样并不会有多少损失。该算法基于如下的分治原理：

要解决规模为 n 的问题，可递归地解决两个规模近似为 $n/2$ 的子问题，然后对它们的答案进行合并以得到整个问题的答案。

在本例中，初始问题要处理大小为 n 的向量。所以将它划分为两个子问题的最自然的方法就是创建两个大小近似相等的子向量，分别称为 a 和 b。

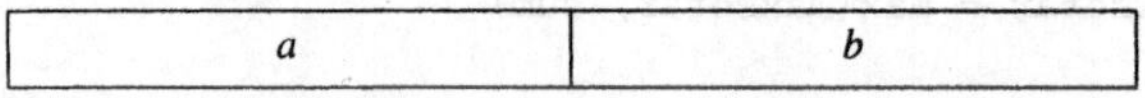

然后递归地找出 a、b 中元素总和最大的子向量，分别称为 m_a 和 m_b。

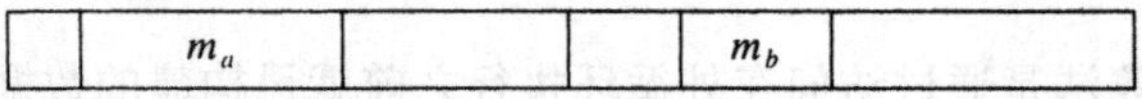

现在我们很容易误以为自己已经找到问题的解了，因为我们可能会觉得在整个向量中总和最大的子向量必定在 m_a 或 m_b 中。这不完全正确。事实上，最大子向量要么整个在 a 中，要么整个在 b 中，要么跨越 a 和 b 之间的边界。我们将跨越边界的最大子向量称为 m_c。

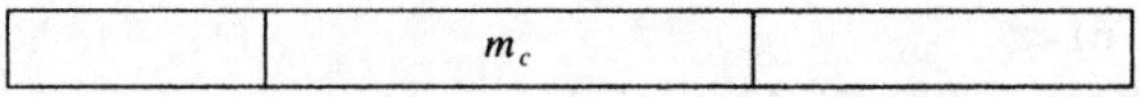

我们的分治算法将递归地计算 m_a 和 m_b，并通过其他某种方法计算 m_c，然后返回 3 个总和中的最大者。

有了以上的描述就差不多可以开始编写程序代码了，还需要解决的问题是如何处理小向量以及如何计算 m_c。前者比较简单：只有一个元素的向量的最大子向量的和就是该向量中的数（若该数为负数，则最大子向量的和为 0）。零元素向量的最大子向量的和定义为 0。为了计算 m_c，我们通过观察发现，m_c 在 a 中的部分是 a 中包含右边界的最大子向量，而 m_c 在 b 中的部分是 b 中包含左边界的最大子向量。将这些因素综合到一起就得到了下面的算法 3 代码：

```
float maxsum3(l, u)
    if (l > u) /* zero elements */
        return 0
    if (l == u) /* one element */
        return max(0, x[l])
    m = (l + u) / 2
```

```
    /* find max crossing to left */
    lmax = sum = 0
    for (i = m; i >= l; i--)
        sum += x[i]
        lmax = max(lmax, sum)
    /* find max crossing to right */
    rmax = sum = 0
    for i = (m, u]
        sum += x[i]
        rmax = max(rmax, sum)
    return max(lmax+rmax, maxsum3(l, m), maxsum3(m+1, u))
```

算法 3 的最初调用如下：

```
answer = maxsum3(0, n-1)
```

该程序代码比较复杂，容易出错，但是它在 $O(n\log n)$ 时间内解决了我们的问题。有多种方式可以证明其运行时间。一种非正式的论证是，该算法在每层递归中都执行 $O(n)$ 次操作，而总计有 $O(\log n)$ 层递归。更精确的论证可以通过递推关系完成。若用 $T(n)$表示解决规模为 n 的问题所需的时间，那么 $T(1) = O(1)$且

$$T(n) = 2T(n/2) + O(n)$$

习题 15 指出该递推关系的解为 $T(n) = O(n\log n)$ 。

8.4　扫描算法

我们现在采用操作数组的最简单的算法：从数组最左端（元素 $x[0]$）开始扫描，一直到最右端（元素 $x[n-1]$）为止，并记下所遇到的总和最大的子向量。最大总和的初始值设为 0。假设我们已解决了 $x[0..i-1]$的问题，那么如何将其扩展为包含 $x[i]$的问题呢？我们使用类似于分治算法的原理：前 i 个元素中，最大总和子数组要么在前 i-1 个元素中（我们将其存储在 *maxsofar* 中），要么其结束位置为 i（我们将其存储在 *maxendinghere* 中）。

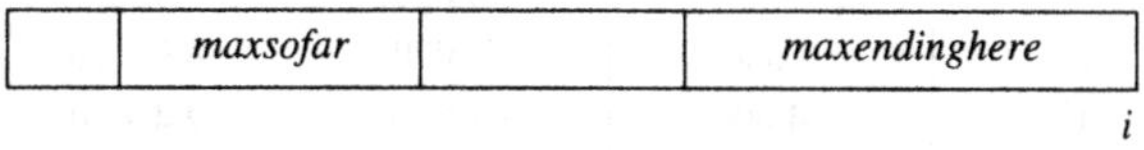

使用类似算法 3 那样的代码从头开始计算 *maxendinghere* 将得到又一个平方算法。我们可以使用导出算法 2 的方法来避免得到平方算法：不从头开始计算结束位

置为 i 的最大子向量，而是利用结束位置为 $i-1$ 的最大子向量进行计算。这样就得到了算法 4。

```
maxsofar = 0
maxendinghere = 0
for i = [0, n)
    /* invariant: maxendinghere and maxsofar
       are accurate for x[0..i-1] */
    maxendinghere = max(maxendinghere + x[i], 0)
    maxsofar = max(maxsofar, maxendinghere)
```

理解这个程序的关键就在于变量 *maxendinghere*。在循环中的第一个赋值语句之前，*maxendinghere* 是结束位置为 $i-1$ 的最大子向量的和；赋值语句将其修改为结束位置为 i 的最大子向量的和。若加上 $x[i]$之后结果依然为正值，则该赋值语句使 *maxendinghere* 增大 $x[i]$；若加上 $x[i]$之后结果为负值，该赋值语句就将 *maxendinghere* 重新设为 0（因为结束位置为 i 的最大子向量现在为空向量）。该代码比较复杂，但十分简短，运行起来也很快：其运行时间为 $O(n)$，因此我们称之为线性算法。

8.5 实际运行时间

到目前为止，我们一直是简单地使用大 O 分析法来说明问题，现在该研究程序的运行时间了。我在主频 400 MHz 的 PentiumⅡ计算机上，用 C 语言实现了前面的 4 个主要算法，并对其计时，然后根据观测到的运行时间进行外推，从而得到下面的表格。（算法 2b 的运行时间一般在算法 2 的 10%之内，因此没有包含在表内。）

算法		1	2	3	4
运行时间（纳秒）		$1.3n^3$	$10n^2$	$47n\log_2 n$	$48n$
解决右侧所列规模的问题所需的时间	10^3	1.3 秒	10 毫秒	0.4 毫秒	0.05 毫秒
	10^4	22 分	1 秒	6 毫秒	0.5 毫秒
	10^5	15 天	1.7 分	78 毫秒	5 毫秒
	10^6	41 年	2.8 小时	0.94 秒	48 毫秒
	10^7	41 千年	1.7 周	11 秒	0.48 秒
单位时间内能够解决的问题的规模	秒	920	10 000	1.0×10^6	2.1×10^7
	分	3 600	77 000	4.9×10^7	1.3×10^9
	时	14 000	6.0×10^5	2.4×10^9	7.6×10^{10}
	天	41 000	2.9×10^6	5.0×10^{10}	1.8×10^{12}
若 n 乘以 10，时间乘以		1 000	100	10+	10
若时间乘以 10，n 乘以		2.15	3.16	10-	10

这个表说明了许多问题。其中最重要的一点是：合适的算法设计可以极大地减少运行时间，中间的几行数据突出强调了这一点。最后两行说明了问题规模的增加与运行时间的增加之间的关系。

另一个重点是，当我们将立方算法、平方算法以及线性算法进行相互比较时，程序运行时间中的常系数并不重要。（2.4 节中有关 $O(n!)$算法的讨论表明，在增长速度快于多项式的函数中，常系数的影响更小。）为了强调这一点，我进行了一次实验，使两个算法的常系数的差尽可能地大。为得到一个巨大的常系数，我在 Radio Shack TRS-80 Model Ⅲ（1980 年的个人电脑，使用 Z-80 处理器，主频为 2.03 MHz）上实现了算法 4。为了进一步减慢那台可怜的老古董，我使用了解释型的 BASIC 代码，这种 BASIC 代码比编译型代码慢 1～2 个数量级。为了得到一个很小的常系数，我在主频为 533 MHz 的 Alpha 21164 上实现了算法 1。我得到了所期望的差异：立方算法的运行时间度量结果为 $0.58n^3$ 纳秒，而线性算法的运行时间为 $19.5n$ 毫秒，或者说 19 500 000n 纳秒（也就是说，每秒大约处理 50 个元素）。下表给出了这两个表达式在各种问题规模下所对应的运行时间。

n	Alpha 21164A C 语言立方算法	TRS-80 BASIC 语言线性算法
10	0.6 微秒	200 毫秒
100	0.6 毫秒	2.0 秒
1 000	0.6 秒	20 秒
10 000	10 分钟	3.2 分钟
100 000	7 天	32 分钟
1 000 000	19 年	5.4 小时

3 300 万倍的常系数差异使得立方算法在刚开始快一些，但是这并不能阻止线性算法的后来居上。两种算法的平衡点在 5 800 附近，在这个位置上，每种算法的运行时间都还不到 2 分钟。

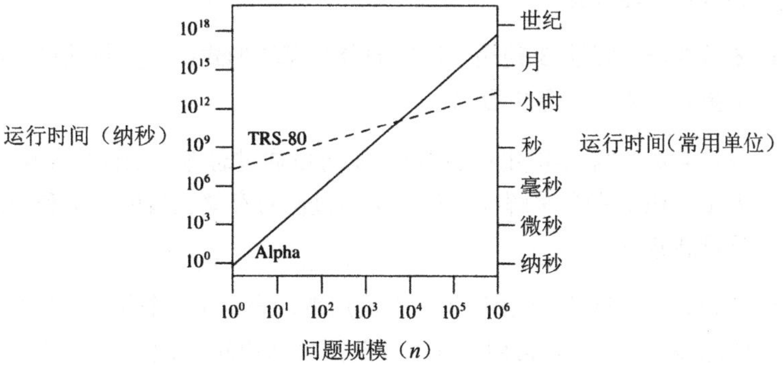

8.6 原理

这个问题的历史清楚地展示了算法设计技术。该问题出现在布朗大学的 Ulf Grenander 所面对的一个模式匹配问题中，问题的最初形式是习题 13 中所描述的二维形式。在该版本的问题中，最大总和子数组是数字图像中某种特定模式的最大似然估计量。因为二维问题的求解需要太多的时间，所以 Grenander 将它简化为一维问题，以深入了解其结构。

Grenander 发现立方运行时间的算法 1 出奇地慢，于是开发出了算法 2。1977 年的时候，他将该问题叙述给 Michael Shamos 听，结果 Shamos 花一个通宵就设计出了算法 3。过了没多久，Shamos 向我介绍这个问题，我们一致认为这很可能是最好的算法了，因为研究人员刚刚证明了几个类似的问题需要正比于 $n \log n$ 的时间。几天之后，Shamos 在卡内基—梅隆大学研讨会上介绍了该问题及其历史，结果与会的统计学家 Jay Kadane 在一分钟之内就勾勒出了算法 4。好在我们知道不会有更快的算法了：任何正确的算法都必须至少花费 $O(n)$的时间（见习题 6）。

虽然一维问题得到了完满的解决，但是 Grenander 最初的二维问题却迟迟没有答案。（在本书第 2 版行将出版的时候，该问题已经提出 20 年了。）由于所有已知算法的计算开销过大，Grenander 不得不放弃那种解决其模式匹配问题的方法。如果读者朋友觉得一维问题的线性时间算法是“显而易见”的，那么请帮助 Grenander 找一找习题 13 的“显而易见”的算法。

本章故事中的这些算法给出了几个重要的算法设计技术。

- 保存状态，避免重复计算。算法 2 和算法 4 使用了简单的动态规划形式。通过使用一些空间来保存中间计算结果，我们避免了花时间对其重复计算。
- 将信息预处理至数据结构中。算法 2b 中的 *cumarr* 结构允许对子向量中的总和进行快速计算。
- 分治算法。算法 3 使用了简单的分治算法形式；有关算法设计的教科书介绍了更高级的分治算法形式。
- 扫描算法。与数组相关的问题经常可以通过思考“如何将 $x[0..\ i-1]$的解扩展为 $x[0..i]$的解?”来解决。算法 4 通过同时存储已有的答案和一些辅助数据来计算新答案。
- 累加数组。算法 2b 使用了一个累加表，表中第 i 个元素的值为 x 中前 i 个值的总和；这一类表常用于处理有范围限制的问题。例如，业务分析师要确定 3

月到 10 月的销售额，可以从 10 月的本年迄今销售额中减去 2 月的本年迄今销售额。

- 下界。只有在确定了自己的算法是所有可能的算法中最佳的算法以后，算法设计师才可能踏踏实实地睡个好觉。为此，他们必须证明某个相匹配的下界。对本问题线性下界的讨论见习题 6，更复杂的下界证明可能会十分困难。

8.7 习题

1. 算法 3 和算法 4 使用的代码比较复杂，也很容易出错。请使用第 4 章中的程序验证技术证明代码的正确性，指定循环不变式时请务必小心。
2. 请在你的机器上对本章中的四种算法计时，建立与 8.5 节相类似的表。
3. 我们对四种算法的分析仅限于大 O 层面。请尽可能精确地分析每种算法调用 *max* 函数的次数。本题对你分析这些程序的运行时间有何启示?每种算法需要多少空间？
4. 如果输入数组中的各个元素都是从区间[−1, 1]中均匀选出的随机实数，那么最大子向量的期望值是多少？
5. 为简单起见，我们允许算法 2b 访问 *cumarr*[−1]。如何使用 C 语言处理该问题？
6. 证明任何计算最大子向量的正确算法都必须检测所有 n 个输入。（有些问题的算法可以正确地忽略某些输入；请思考答案 2.2 中 Saxe 的算法，以及 Boyer 和 Moore 的子串搜索算法。）
7. 当我第一次实现这些算法时，我总是使用脚手架将各种不同算法所产生的答案和算法 4 所产生的答案进行比较。当看到脚手架报告算法 2b 和算法 3 中的错误时，我很烦躁。但是当我仔细研究这些数值答案时，我发现它们尽管不一样，却非常接近。这意味着什么呢?
8. 修改算法 3（分治算法），使其在最坏情况下具有线性运行时间。
9. 我们将负数数组的最大子向量的和定义为 0，即空向量的总和。假设我们重新定义，将最大子向量的和定义为最大元素的值，那么，应该如何修改各个程序呢？
10. 假设我们想要查找的是总和最接近 0 的子向量，而不是具有最大总和的子向量。你能设计出的最有效的算法是什么？可以应用哪些算法设计技术？如果我们希望查找总和最接近某一给定实数 t 的子向量，结果又将怎样?

11．收费公路由 n 个收费站之间的 $n-1$ 段公路组成，每一段公路都有相关的使用费。如果在 $O(n)$时间内驶过两个收费站，并且仅使用一个费用数组；或在固定时间内驶过两个收费站，并且使用一个具有 $O(n^2)$个表项的表，那么给出两站之间的行驶费很容易。请描述一个数据结构，该结构仅需要 $O(n)$的空间，却可以在固定的时间内完成任意路段的费用计算。

12．将数组 $x[0..n-1]$初始化为全 0 后，执行下面 n 个运算：

```
for i = [1, u]
    x[i] += v
```

其中 1、u 和 v 为每次运算的参数（1 和 u 为满足 $0 \leqslant 1 \leqslant u < n$ 的整数，v 为实数)。完成这 n 次运算之后，$x[0..n-1]$中的各个值将按顺序排列。上面刚刚描述的方法需要 $O(n^2)$的运行时间。你能给出一个更快的算法吗?

13．在最大子数组问题中，给定 $n \times n$ 的实数数组，我们需要求出矩形子数组的最大总和。该问题的复杂度如何?

14．给定整数 m、n 和实数向量 $x[n]$，请找出使总和 $x[i]+\cdots+x[i+m]$最接近 0 的整数 i（$0 \leqslant i < n-m$）。

15．当 $T(1)=0$ 且 n 为 2 的幂时，递推公式 $T(n) = 2T(n/2)+cn$ 的解是什么?请用数学归纳法证明你的结果。如果 $T(1) = c$，结果又怎样?

8.8 深入阅读

只有经过广泛的研究和实践，你才能熟练地运用算法设计技术；大多数程序员仅仅是从有关算法的课程或教科书中获得这些知识。Aho、Hopcroft 和 Ullman 的 *Data Structures and Algorithms*①（Addison-Wesley 出版社 1983 年出版）是一本很优秀的大学教材。书中的第 10 章是关于“算法设计技术”的，与本章内容尤为相关。

Cormen、Leiserson 和 Rivest 的 *Introduction to Algorithms*②一书由 MIT 出版社于 1990 年出版。这本上千页的巨著对这个领域进行了全方位的论述。第Ⅰ、Ⅱ和Ⅲ部分涵盖了基础知识、排序以及搜索方面的内容。第Ⅳ部分是关于“高级设计和分析技术”的，与本章主题的关系特别密切。第Ⅴ、Ⅵ和Ⅶ部分讨论了高级数据结构、图算法和

① 该书英文影印版已由清华大学出版社引进出版，中文书名为《数据结构与算法》。——编者注

② 该书第 2 版英文影印版已由高等教育出版社引进出版，中文书名为《算法导论》。——编者注

其他精选的主题。

这些书与另外 7 本书一起收藏在一张名为“Dr. Dobb’s Essential Books on Algorithms and Data Structures”的 CD-ROM 中。该 CD 在 1999 年由 Miller Freeman 有限公司发行。这对所有对算法和数据结构感兴趣的程序员来说都是一份无价的参考。在本书即将出版的时候，已经可以从 *Dr. Dobb’s* 的网站上订购完整的一套电子版了，其价格仅相当于一本纸版书的价格。

第 9 章

代码调优

有些程序员过于关注程序的效率；由于太在乎细小的“优化”，他们编写出的程序过于精妙，难以维护。而另外一些程序员很少关注程序的效率；他们编写的程序有着清晰漂亮的结构，但效率极低以至于毫无用处。优秀的程序员将程序的效率纳入整体考虑之中：效率只是软件中的众多问题之一，但有时候也很重要。

前面各章已经讨论了提高效率的高层次方法：问题定义、系统结构、算法设计以及数据结构选择。本章讨论一个低层次方法。“代码调优”首先确定程序中开销较大的部分，然后进行少量的修改，以提高其运行速度。“代码调优”并不总是恰当的方法，也不太有趣，但是有时候它确实可以使程序的性能大为改观。

9.1 典型的故事

一天午后不久，我和 Chris Van Wyk 在一起谈论代码调优的问题，然后他就去改进一个 C 程序了。几小时之后，他将一个 3 000 行的图形程序的运行时间减少了一半。

尽管处理常见图像的运行时间已经大大缩短了，该程序处理某些复杂的图片时仍然要花费 10 分钟的时间。Van Wyk 所采取的第一步就是监视程序的性能，以确定每个函数需要花费的时间（下一页对一个类似但规模小一些的程序进行了性能监视）。在 10 幅常见测试图片上的运行结果表明，几乎 70%的运行时间都用在了内存分配函数 *malloc* 上。

Van Wyk 的第二步就是研究内存分配程序。因为他的程序通过一个提供错误检测的函数来访问 *malloc*，所以他可以修改该函数，而不必分析 *malloc* 的源代码。在插入了几行计数代码后，他发现最常见记录类型的空间分配次数是次常见记录类型的 30 倍。如果你知道了程序的大部分运行时间都用于为某一类型的记录分配存储空间，你会如何进行改进程序使其运行得更快呢?

Van Wyk 应用高速缓存原理解决了这个问题：最经常访问的数据，其访问开销应该是最小的。他对程序进行了修改，将最常见类型的空闲记录缓存在一个链表中。然后，他就可以通过对该链表的快速访问来处理常见的请求，而不必调用通用的内存分配程序；这使得程序的总运行时间缩短为原先的 45%（于是内存分配程序现在大约占用总运行时间的 30%）。另一个额外的好处就是修改后的分配程序减少了内存碎片，这使得我们能够更加有效地使用主存。答案 2 给出了该古老技术的另一种实现；在第 13 章中，我们将多次使用类似的方法。

这个故事极好地展示了代码调优艺术。通过花费几小时的时间进行度量并向 3 000 行代码的程序中添加约 20 行代码，Van Wyk 在不改变用户视图也不增加维护难度的前提下将程序的运行速度加快了一倍。他使用一般性的工具就取得了这种加速：通过性能监视识别出程序中的“热点”，然后使用高速缓存减少其运行时间。

下面对一个规模小一些的常见 C 程序进行了性能监视，其形式和内容都和 Van Wyk 的性能监控很类似：

```
Func        %      Func+Child    %       Hit       Function
Time               Time                  Count
-----------------------------------------------------------------
1413.406    52.8   1413.406      52.8    200002    malloc
474.441     17.7   2109.506      78.8    200180    insert
285.298     10.7   1635.065      61.1    250614    rinsert
174.205     6.5    2675.624      100.0   1         main
157.135     5.9    157.135       5.9     1         report
143.285     5.4    143.285       5.4     200180    bigrand
27.854      1.0    91.493        3.4     1         initbins
```

该运行结果表明，大部分时间都消耗在 *malloc* 上了。习题 2 要求我们通过缓存结点来减少该程序的运行时间。

9.2 急救方案集锦

现在我们将目光从大程序转向几个小函数。每个小函数都描述了一个我曾在不同场合下遇到过的问题。这些问题占用了其所在应用程序的大部分运行时间。我们给出的解决方案也都具有一般性。

问题 1——整数取模。2.3 节简要介绍了实现向量旋转的三种算法。答案 2.3 在内循环中使用下面的运算实现了“杂技”算法：

```
k = ( j + rotdist)%n;
```

附录 C 中的开销模型表明，C 语言的模运算符%开销较大：大多数算术运算需要约 10 纳秒的时间，而模运算需要的运行时间接近 100 纳秒。使用下面的代码实现%运算或许可以减少程序的运行时间：

```
k = j + rotdist;
if (k >= n)
    k -= n;
```

该代码使用一次比较运算和一次（很少执行的）减法运算取代了高开销的模运算。但是这样做对整个函数的运行时间会有影响吗？

我第一次运行该程序时将旋转距离 *rotdist* 设置为 1，程序的运行时间从 119*n* 纳秒下降至 57*n* 纳秒，速度几乎提高了一倍。62 纳秒的加速结果与开销模型中的预测很接近。

第二次实验时，我将 *rotdist* 设置为 10。我惊奇地发现这两个算法的运行时间都是 206*n* 纳秒。通过进行与答案 2.4 中的图相似的实验，我很快找到了原因：当 *rotdist*=1 时，算法顺序访问内存，模运算决定了程序的运行时间。而当 *rotdist*=10 时，代码在内存中每隔 10 个字才访问一次，因此大部分运行时间用于将 RAM 的内容读入高速缓存。

在过去，程序员知道，如果程序的运行时间主要消耗在输入输出上，那么对程序中的计算进行加速是毫无意义的。在现代的体系结构中，如果对内存的访问占用了大量的运行时间，那么减少计算时间同样是毫无意义的。

问题 2——函数、宏和内联代码。在第 8 章中，我们多处对两个值中的最大值进行了计算。例如，在 8.4 节中，我们使用了类似下面的代码：

```
maxendinghere = max(maxendinghere,0);
maxsofar = max(maxsofar, maxendinghere);
```

max 函数返回两个参数中的最大值：

```
float max(float a, float b)
{    return a > b ? a : b; }
```

这个程序的运行时间大约是 89*n* 纳秒。

以前的 C 语言程序员可能会下意识地使用宏来替换 *max* 函数：

```
#define max(a,b)((a)>(b)?(a):(b))
```

这当然更加难看并且更容易出错。对于许多优化编译器来说，两者根本就没有什么区别（这一类编译器以内联的方式编写较小的函数）。然而，在我的系统中，这一改变将算法 4 的运行时间从 89*n* 纳秒减少到了 47*n* 纳秒。加速系数接近 2。

我高兴地将这一方法应用到 8.3 节中的算法 3，却失望地发现：当 n=10 000 时，程序的运行时间从 10 毫秒增加到了 100 秒，减速系数达到了 10 000。宏似乎使得算法 3 的运行时间从原来的 $O(n \log n)$增加到了近乎 $O(n^2)$。我很快就发现，宏那种按名称调用的语义导致算法 3 对自身的递归调用超过了两次，因此增加了其渐近运行时间。习题 4 给出了这一类减速的一个更加极端的例子。

C 程序员经常需要在性能和正确性之间进行折中，而 C++程序员却可以享受鱼与熊掌兼得的快乐。C++允许对某一函数进行内联编译，这就兼得了函数的简洁语义和宏的低廉开销。

在好奇心的驱使下，我既不使用宏，也不使用函数，而是使用 *if* 语句实现该计算：

```
if (maxendinghere < 0)
    maxendinghere = 0;
if (maxsofar < maxendinghere)
    maxsofar = maxendinghere;
```

运行时间基本上没有变化。

问题 3——*顺序搜索*。现在我们将目光转向（可能未排序的）表中的顺序搜索：

```
int ssearch1(t)
    for i = [0,n)
        if x[i] == t
            return i
    return -1
```

这段简洁的代码平均需要花 4.06*n* 纳秒的时间来查找数组 *x* 中的某一元素。因为在一次常见的成功搜索中，代码只需要检索数组中一半的元素，所以平均花在表中每个元素上的时间大约为 8.1 纳秒。

该循环已经很简洁了，但还可以再进行少许精简。内循环中有两种测试：第一种测试检验 *i* 是否已到达数组末尾，第二种测试检验 *x*[*i*]是否为所需的元素。只要在该数组的末尾放置一个哨兵值，就可以把第一种测试也替换为第二种测试：

```
int ssearch2(t)
    hold = x[n]
    x[n] = t
    for (i = 0; ; i++)
        if x[i] == t
          break
    x[n] = hold
    if i == n
        return -1
    else
        return i
```

这一改进使运行时间降低至 3.87n 纳秒，大约加速了 5%。上述代码假设已经为该数组分配了内存，因此 $x[n]$可以被临时覆盖。该代码谨慎地保存了 $x[n]$并在搜索之后对其进行了恢复，这在大多数应用场合中都是不必要的，所以下一个版本中将删掉该部分。

现在最内层循环只包含一次自增、一次数组访问以及一次测试。还有办法进一步减少程序的运行时间吗？我们最终的顺序搜索程序将循环展开 8 次来删除自增，进一步的展开不会取得更好的加速效果。

```
int ssearch3(t)
    x[n] = t
    for (i = 0; ; i += 8)
        if (x[i  ] == t) {        break }
        if (x[i+1] == t) {i += 1; break }
        if (x[i+2] == t) {i += 2; break }
        if (x[i+3] == t) {i += 3; break }
        if (x[i+4] == t) {i += 4; break }
        if (x[i+5] == t) {i += 5; break }
        if (x[i+6] == t) {i += 6; break }
        if (x[i+7] == t) {i += 7; break }
    if i == n
        return -1
    else
        return i
```

这一修改使运行时间降低至 1.70n 纳秒，减少了大约 56%。对老式计算机来说，降低开销可以加速 10%或 20%。对于现代的计算机来说，将循环展开则有助于避免管道阻塞、减少分支、增加指令级的并行性。

问题 4——*计算球面距离*。最后一个问题在处理地理或几何数据的应用中很常见。输入的第一部分是球面上 5 000 个点组成的集合 *S*，每个点都使用经度和纬度表示。将这些点存储在我们选定的数据结构中以后，程序读取输入的第二部分：由 20 000 个点组成的序列，每个点都使用经度和纬度表示。对于该序列中的每个点，程序必须指出 *S* 中哪个点最接近它。这里距离使用球体中心与两个点的连线之间的夹角来度量。

20 世纪 80 年代早期，Margaret Wright 就碰到过类似的问题，她当时在斯坦福大学，要对地图进行计算，以总结某些特定基因特征的全球分布。她的解决方案很直观，将集合 *S* 表示成包含经度和纬度值的数组。对于序列中的每个点，通过计算它到 *S* 中每一个点的距离来确定 *S* 中和它最接近的点。计算过程中需要用到一个包含 10 个正弦和余弦函数的复杂三角公式。尽管该程序编码很简单，并且对小型数据集也能得到不错的结果；但是对于大型地图来说，即使在大型机上运行也需要花费几小时，这大大超出了项目的预算。

由于我以前处理过几何方面的问题，所以 Wright 请我来解决这个问题。花费近一个周末的时间之后，我开发出了几个别出心裁的算法和数据结构来解决这个问题。幸运的是（现在回过头来看），这些算法都需要好几百行的代码，所以我没有尝试去实现这几种算法。当我向 Andrew Appel 描述这些数据结构时，他发现了一个关键点：为什么一定要在数据结构的层面解决这个问题呢?为什么不使用简单的数据结构，将这些点保存在一个数组中，通过调优代码来降低各点之间距离的计算开销呢?如何实现他的这一思想?

更改点的表示法可以大大地减少开销：我们不使用经度和纬度来表示点，而是使用 *x*、*y* 和 *z* 坐标表示球面上点的位置。这样，所用的数据结构就是一个数组，它不仅包含了每个点的经度和纬度（其他运算或许还需要这些信息），还包含了该点的三个笛卡儿坐标。当程序处理序列中的每个点时，先用一些三角函数将其经度和纬度转换成 *x*、*y* 和 *z* 坐标，然后计算该点到集合 *S* 中每个点的距离。它到 *S* 中某点的距离为三个维度上差值的平方和。通常这样的系统开销要比计算一个三角函数的开销少很多，更不用说 10 个三角函数了。（附录 C 中的运行时间开销模型给出了某个系统中的详细讨论。）因为两个点之间的角度随着它们欧氏距离的平方的增加而单调增加，所以此方法计算的答案是正确的。

尽管这个方法需要额外的存储空间，但它带来了巨大的好处：Wright 将该改动写入她的程序之后，处理复杂地图的运行时间由几小时降低为半分钟。在这个例子中，我们通过代码调优，只需要增加几十行的程序代码就能解决该问题；而如果更改算法和数据结构，则需要增加好几百行的代码。

9.3 大手术——二分搜索

现在来看看我所知道的有关代码调优的最极端的例子之一。细节问题可以从习题 4.8 中得知：在包含 1 000 个整数的表中进行二分搜索。在我们研究该问题时，请记住在二分搜索中通常不需要代码调优——二分搜索算法的效率很高，对其进行代码调优通常是多余的。因此，我们在第 4 章中忽略了微观效率，致力于获得一个简单、正确且可维护的程序。但是有时调优过的二分搜索可能会对整个系统的性能产生很大影响。

下面连续开发了四个快速的二分搜索程序。它们都很复杂，但是我们有充分的理由来开发这四个程序：最终程序的运行速度通常是 4.2 节中的二分搜索程序的 2~3 倍。在继续往下阅读之前，你能指出原先这段二分搜索代码中的明显浪费吗？

```
l = 0;u = n-1
loop
    /* invariant: if t is present, it is in x[l..u]*/
    if l > u
        p = -1; break
    m = (l + u)/2
    case
        x[m] <  t: l = m+1
        x[m] == t: p = m; break
        x[m] >  t: u = m-1
```

首先从一个修改过的问题来开始开发我们的快速二分搜索程序：确定整数数组 $x[0..n-1]$中整数 t 第一次出现的位置（在 15.3 节中，我们需要的就是这样的搜索）。而在 t 多次出现的情况下，上述代码则可能会返回其中的任意一个位置。新程序的主循环与上面的程序类似；我们仍使用下标 l 和 u 指示数组中包含 t 的部分，但不变式关系变为 $x[l]<t\leqslant x[u]$和 $l<u$。此外，我们假设 $n\geqslant 0$，$x[-1]<t$ 以及 $x[n]\geqslant t$（但是程序并不访问这两个假想的元素）。现在的二分搜索代码如下：

```
l = -1; u = n
while l+1 != u
    /* invariant: x[l] < t && x[u]>= t&& l < u */
    m = (l + u)/2
    if x[m] < t
        l = m
    else
        u = m
/* assert l+1 = u && x[l] < t && x[u] >= t*/
```

```
p=u
if p >= n|| x[p] !=t
    p = -1
```

第一行代码初始化不变式。循环重复时，由*if*语句来保持该不变式的正确性；很容易检验出，这两个分支都保持了该不变式的正确性。循环终止时，我们知道如果 t 存在于数组中，那么 t 的第一次出现在位置 u；更正式的陈述见 *assert* 注释。最后两个语句对 p 赋值：如果 t 在 x 中，那么将 p 置为 t 第一次出现的下标；如果 t 不在数组中，则将 p 置为-1。

虽然这个二分搜索程序解决的问题要比原先的程序所解决的问题更难，但却可能更高效：在每次循环迭代中，它只对 t 和 x 中的元素作一次比较，而原先的程序有时必须比较两次。

下一版本的程序将首次利用 $n = 1\ 000$ 这个已知条件。该程序使用了一个不同的范围表示方法：我们不使用 $l..u$ 来表示上下限值，而是使用下限值 l 以及增量 i 来表示，使得 $l + i = u$。程序代码将确保 i 总是 2 的幂；该性质很容易保持，但是一开始难以获得（因为数组的大小 n 等于 1 000）。因此在程序的开始部分先使用了赋值语句和*if*语句，以确保初始的搜索范围大小为 512，即小于 1 000 的数中最大的 2 的幂。这样 l 和 l+i 一起要么表示-1..511，要么表示 488..1 000。使用这个新的范围表示方法转换前面的二分搜索程序，得到下面的代码：

```
i = 512
l = -1
if x[511] < t
    l = 1000 - 512
while i != 1
    /* invariant: x[l] < t && x[l+i] >= t&& i = 2^j */
    nexti = i / 2
    if x[l+nexti] < t
        l = l + nexti
        i = nexti
    else
        i = nexti
/* assert i == 1 && x[l] < t && x[l+i] >= t */
p = l+1
if p > 1000 || x[p] != t
    p = -1
```

该程序正确性的证明和前一程序的证明完全一样。这段代码通常要比前一个程序慢一些，但它为将来的加速打开了方便之门。

下一程序是上述程序的简化，它加入了智能编译器可能会执行的某些优化：简化了第二个 *if* 语句，删除了变量 *nexti*，并从循环内的 *if* 语句中删除了对 *nexti* 的赋值。

```
i = 512
l = -1
if x[511] < t
    l = 1000 - 512
while i != 1
    /* invariant: x[l] < t && x[l+i] >= t&& i = 2^j */
    i = i / 2
    if x[l+i] < t
        l = l + i
/* assert i == 1 && x[l] < t && x[l+i] >= t */
p = l+1
if p > 1000 || x[p] != t
    p = -1
```

虽然该程序代码正确性的证明仍然与上述程序相同，但现在我们可以更直观地理解其运行。当第一个测试失败，并且 l 保持为 0 时，程序依次计算 p 的各个位，并且最高有效位优先计算。

程序代码的最后一个版本需要用心研究一下。它展开了整个循环，从而消除了循环控制和 i 被 2 除的开销。因为 i 在程序中只有 10 个互不相同的值，所以我们可以将它们全部写在代码中，从而避免在运行时重复计算。

```
l = -1
if (x[511]  < t) l = 1000-512
   /* assert x[l] <t && x[l+512] >= t */
if (x[l+256] < t) l += 256
   /* assert x[l] <t && x[l+256] >= t */
if (x[l+128] < t) l += 128
if (x[l+64 ] < t) l += 64
if (x[l+32 ] < t) l += 32
if (x[l+16 ] < t) l += 16
if (x[l+8  ] < t) l += 8
if (x[l+4  ] < t) l += 4
if (x[l+2  ] < t) l += 2
```

```
    /* assert x[l] <t && x[l+2 ] >= t */
if (x[l+1  ] < t) l += 1
    /* assert x[l] <t && x[l+1  ] >= t */
p = l+1
if p > 1000 || x[p] !=t
    p = -1
```

我们可以通过插入与对 $x[l+256]$的测试之前和之后的断言类似的断言语句来理解这段程序代码。一旦完成了对该 *if* 语句作用的二元分析，所有其他的 *if* 语句也就随之迎刃而解了。

我曾在多个不同的系统上比较过 4.2 节中的原始二分搜索和上述仔细调优过的二分搜索。本书的第一版给出了在四台机器、五种编程语言以及若干个优化水平下的运行时间，运行时间缩短的范围从 38%到 80%不等。我在现在的机器上实验时，惊喜地发现当 n=1 000 时，每次搜索的时间从 350 纳秒减少到了 125 纳秒（减少了 64%）。

这样的加速结果好得让人难以置信，但是事实就是这样。深入的观察表明，我的计时脚手架依次搜索每个数组元素：首先 $x[0]$，然后 $x[1]$，依次类推。这就给二分搜索提供了特别有利的内存访问模式以及极好的分支预测。于是我将脚手架更改为按随机顺序搜索元素。原始二分搜索的运行时间为 418 纳秒，而循环展开之后的程序的运行时间为 266 纳秒，加速了 36%。

这种推导给出了在最极端的情况下进行代码调优的理想化的理由。我们用一个非常精炼的、本质上也更快的程序替换了原先那个浅显的二分搜索程序（该程序看起来也挺简洁的）。（自从 20 世纪 60 年代早期起，此函数就已经在计算机界小有名气了。我是在 20 世纪 80 年代早期从 Guy Steele[①]那里学到的；而 Guy Steele 是在 MIT 学会的，该函数从 20 世纪 60 年代末期开始就在 MIT 出名了。Vic Vysstosky 在 1961 年的时候在贝尔实验室使用过这段代码，他将伪代码中的每一条 *if* 语句都实现为三条 IBM 7 090 指令。）

第 4 章的程序验证工具在这个过程中起到了关键的作用。正是因为使用了程序验证技术，所以我们可以相信最终的程序是正确的。在我第一次看到这个最终的代码时，它既没有推导，也没有验证，看起来就像在变魔术一样。

---

① Guy Steele，著名计算机科学家，ACM 会士，美国工程院院士，现为 Sun 研究院院士。他与 Sussman 合作设计了 Scheme 语言，参与设计了 Java 语言，也是 ECMAScript、Fortran、Common Lisp 标准委员会的成员。他还与 Richard Stallman 合作开发了 Emacs。——编者注

9.4　原理

代码调优的最重要原理就是尽量少用它。这一笼统的叙述可以用以下几点加以解释。

效率的角色。软件的其他许多性质和效率一样重要，甚至更重要。Don Knuth 观察发现，不成熟的优化是大量编程灾害的根源，它会危及程序的正确性、功能性以及可维护性。当可能的危害影响较大时，请考虑适当将效率放一放。

度量工具。当效率很重要时，第一步就是对系统进行性能监视，以确定其运行时间的分布状况。对程序进行性能监视的结果通常类似：多数的时间都消耗在少量的热点代码上，而余下的代码则很少执行（例如，在 6.1 节中，一个函数就占用了 98%的运行时间）。性能监视可以帮助我们找到程序中的关键区域；对于其他区域，我们遵循有名的格言“没有坏的话就不要修”。与附录 C 中的运行时间开销模型类似的模型有助于程序员理解为什么某些特定的运算和函数的时间开销比较高。

设计层面。在第 6 章中我们已看到，效率问题可以由多种方法来解决。只有在确信没有更好的解决方案时才考虑进行代码调优。

双刃剑。使用 *if* 语句替换模运算有时候可以使速度加倍，有时候却对运行时间没什么影响。将函数转换为宏可以使某个函数速度加倍，却也可能使另一个函数的速度减慢为原来的万分之一。在进行“改进”之后，用具有代表性的输入来度量程序的效果是至关重要的。这样的故事不胜枚举，因此，我们必须重视 Jurg Nievergelt 对代码调优人员的警告：玩火者，小心自焚。

上述讨论考虑了是否需要以及何时进行代码调优的问题。一旦决定了需要进行代码调优，余下的问题就是如何进行调优了。附录 D 包含了一系列有关代码调优的通用法则。我们前面提到的所有例子都可以用这些法则来解释。下面我来示范一下，法则的名称用楷体表示。

- Van Wyk 的图形程序。Van Wyk 的解决方案的一般性策略就是*高效处理常见情况*。在那个具体例子中他高速缓存了一些最常见类型的记录。
- 问题 1——整数取模。该解决方案*利用等价的代数表达式*，使用低开销的比较取代了高开销的取模运算。
- 问题 2——函数、宏和内联代码。通过使用宏替换函数来*打破函数层次*，这样几乎可以使速度提高一倍，但是进一步将代码写成内联的形式却看不到明显的改善。

- 问题 3——顺序搜索。使用哨兵来合并测试条件可以获得大约 5%的加速。循环展开则可以得到大约 56%的额外加速。

- 问题 4——计算球面距离。将笛卡儿坐标和经度、纬度存储在一起是修改数据结构的一个例子；使用开销较低的欧氏距离而不是角度距离属于利用等价的代数表达式。

- 二分搜索。合并测试条件将每次内循环的数组比较次数从两次减少为一次；利用等价的代数表达式使得我们能够将上下限的表示方法转换为下限与增量表示法；循环展开将程序展开以消除所有的循环开销。

迄今为止，我们进行代码调优的目的都是减少 CPU 时间。我们也可以将代码调优用于其他目的，比如减少分页或增加高速缓存命中率。除了减少运行时间以外，代码调优最常见的目的或许就是减少程序所需要的空间了。第 10 章将探讨空间的节省问题。

9.5　习题

1. 对你自己写的某一个程序进行性能监视，然后设法使用本章中所描述的方法减少其热点的运行时间。

2. 本书网站上提供了那个在本章开始部分进行过性能监视的 C 程序，它实现了第 13 章中一个 C++程序的一个小子集。请尝试在你的系统上对其进行性能监视。除非你有一个特别高效的 *malloc* 函数，否则程序的绝大部分时间可能都会消耗在 *malloc* 上。请尝试一下通过实现诸如 Van Wyk 那样的结点缓存来减少程序的运行时间。

3. “杂技”旋转算法的哪些特殊性质允许我们使用 *if* 语句而不是开销更高的 *while* 语句来替换取模运算？通过实验确定在什么情况下值得使用 *while* 语句来替换取模运算。

4. 若 *n* 是最大为数组大小的正整数，则下面的递归 C 函数将返回数组 *x*[0..*n*−1]中的最大值：

```
float arrmax(int n)
{  if (n == 1)
        return x[0];
   else
        return max(x[n-1], arrmax(n-1));
}
```

若 *max* 为函数，它就可以在几毫秒之内找出具有 n=10 000 个元素的向量中的最大元素。若 *max* 为如下所示的 C 宏：

```
#define max(a, b) ((a) >(b) ? (a) : (b))
```

则该算法花 6 秒钟的时间才能找出 $n = 27$ 个元素中的最大值，花 12 秒钟的时间才能找出 $n = 28$ 个元素中的最大值。试给出一个可以反映该糟糕结果的输入，并从数学上分析其运行时间。

5. 如果（违反规范说明）将各种不同的二分搜索算法应用于未排序的数组，结果会如何呢？

6. C 和 C++库提供了字符分类函数（如 *isdigit*、*isupper* 及 *islower*）来确定字符的类型。你会如何实现这些函数呢？

7. 给定一个非常长的字节序列（假设有十亿或万亿），如何高效地统计 1 的个数呢？（也就是说，在整个序列中有多少个位的值为 1？）

8. 如何在程序中使用哨兵来找出数组中的最大元素？

9. 因为顺序搜索比二分搜索简单，所以对于较小的表来说通常顺序搜索更有效。另外，二分搜索的对数次比较说明，对于较大的表来说它要比顺序搜索的线性时间快一些。其平衡点取决于每种程序的调优程度。你能找到的最高和最低平衡点分别是多少？当两种程序的调优程度相同时，在你机器上的平衡点是多少？

10. D. B. Lomet 发现，散列法解决 1 000 个整数的搜索问题时可能比调优过的二分搜索效率更高。请实现一个快速的散列程序，并将它和调优过的二分搜索进行比较。从速度和空间方面比较，结论如何？

11. 20 世纪 60 年代早期，Vic Berecz 发现 Sikorsky 飞机的仿真程序的大部分运行时间都消耗在计算三角函数上了。进一步的观察表明，只有在角度为 5 度的整数倍时才计算这些函数。他应该如何减少运行时间？

12. 人们在调优程序时有时会从数学的角度考虑而不是从代码的角度考虑。为了计算下面的多项式：

$$y = a_n x^n + a_{n-1} x^{n-1} + \cdots + a_1 x^1 + a_0$$

如下的代码使用了 $2n$ 次乘法。请给出一个更快的函数。

```
y=a[0]
```

```
xi =1
for i = [1, n]
    xi = x * xi
    y = y + a[i]*xi
```

9.6 深入阅读

3.8 节提到了 Steve McConnell 的《代码大全》一书。其中第 28 章讲述了“代码调优策略”，笼统综述了性能问题，详细描述了代码调优的方法；第 29 章对代码调优的法则做了很好的整理。

本书的附录 D 提供了相关的代码调优法则，并描述了它们在本书中的应用。

第 10 章

节省空间

你可能会跟我认识的几个人一样，读到这个题目的第一印象是："多奇怪啊！"在过去艰苦的计算年代中，程序员受限于小容量的计算机，常常需要节省空间；但那样的年代已经一去不复返了。新的理念是："这里 1 GB，那里 1 GB，不够就再扩内存。"这种观点确实有些道理——许多程序员都使用大容量的计算机，很少需要考虑从程序中节省空间。

但时常努力地考虑一下空间紧凑的程序是很有利的。有时候这种思考会带来新的启示，使程序变得更加简单。节省空间的同时，我们通常会在运行时间上得到想要的副作用：程序变小后加载更快，也更容易填入高速缓存中；此外，需要操作的数据变少通常也意味着操作时间会减少。通过网络传送数据时所需要的时间通常直接与数据的规模成正比。即便对于价格低廉的内存来说，空间也可能很关键。那些小的机器（如玩具和家电中的那些）仍然只有非常小的内存。当使用巨型机来解决巨大的问题时，我们依然需要小心地使用内存。

对其重要性有了认识之后，我们来看看节省空间的一些重要方法。

10.1 关键在于简单

简单性可以衍生出功能性、健壮性以及速度和空间。Dennis Ritchie 和 Ken Thompson 最初在具有 8 192 个 18 位字的机器上开发出了 Unix 操作系统。他们在关于该系统的论文中说到"在系统及其软件方面，总是存在着相当严重的空间约束。如果同时对合理的效率和强大的能力提出要求，那么空间约束不仅具有经济上的意义，还会使设计更优雅一些。"

20 世纪 50 年代中期，当 Fred Brooks 为一家全国性的公司编写计算薪水的程序时，他发现了简化的威力。该程序的瓶颈出在肯塔基州收入所得税的表示上。税收在该州的法律条文中使用一个二维表表示，一维是收入，另一维是免税额。显式地存储该表需要几千个字的内存，比机器的容量大。

Brooks 所尝试的第一个方法是尝试找到一个匹配整个税表的数学函数。但是，税表参差不齐，无法用简单的函数近似。在了解到这个表是由不热衷数学函数的立法者创建的之后，Brooks 查阅了肯塔基州立法机构的会议纪要，试图了解这个奇特的表的来源。他发现肯塔基州的州税是扣除联邦税之后剩余收入的简单函数。因此他的程序从现有的表中计算出联邦税，然后使用扣税后的剩余收入和仅占用几十个字内存的表来确定肯塔基州的州税。

通过研究问题产生的背景，Brooks 用一个简单一些的问题替换了原始问题。原始问题似乎需要数千个字的数据空间，但修改过的问题却只需要微不足道的内存就可以解决。

简单性还可以减少代码的长度。第 3 章描述了几个大型程序，使用合适的数据结构可以将其替换成较小的程序。在那些情况下，从更简单的视角去分析程序，可以使源代码的长度从几千行降低到几百行，或许还能同时将目标代码的规模减少一个数量级。

10.2 示例问题

20 世纪 80 年代早期，我查询过一个在地理数据库中存储邻居的系统。一共有两千个邻居，编号范围为 0~1 999，每个邻居在地图中用一个点来描述。该系统允许用户通过触摸输入板的方式访问其中的任意一个点。程序将选定的物理位置转换为 0~199 范围内的一对整数 x 和 y（输入板大约 4 英尺见方，该程序的分辨率为 1/4 英寸），然后使用(x, y)对指出用户选中了 2 000 个点中的哪一个点（如果有的话）。因为在同一位置(x, y)不可能存在两个点，所以程序员仅需要考虑用 200×200 的点标识符数组表示地图的模块（点标识符是 0~1 999 的整数；如果该位置没有点，点标识符置为-1）。该数组的左下角大致如下所示，空的方格表示该位置没有点。

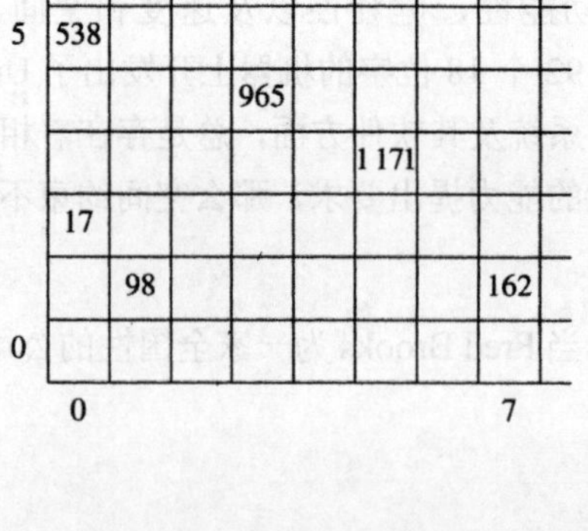

在相应的地图上，点 17 位于(0, 2)，点 538 位于(0, 5)，第一列中其他 4 个可见的位置为空。

该数组很容易实现，也能实现快速的访问。程序员可以选择使用 16 位或 32 位来实现每个整数。如果选择 32 位整数的话，200×200=40 000 个元素需要 160 KB 的空间，因此程序员选择了较短的 16 位表示法。从而数组占用 80 KB，或者说 512 KB 内存空间的六分之一。在系统生命期的早期阶段那是没有什么问题的。但是随着系统的增长，空间就不够用了。程序员问我如何减少花在这个结构上的存储空间。你会给他怎样的建议呢？

这是一个使用稀疏数据结构的绝好机会。这个例子很老，但我最近却遇到了一个相同的例子：在一台具有上百兆字节内存的计算机上表示一个具有 100 万个活跃项的 10 000×10 000 的矩阵。

稀疏矩阵的一种浅显的表示法就是使用数组表示所有的列，同时使用链表来表示给定列中的活跃元素。为了使版面更美观，下图顺时针旋转了 90°：

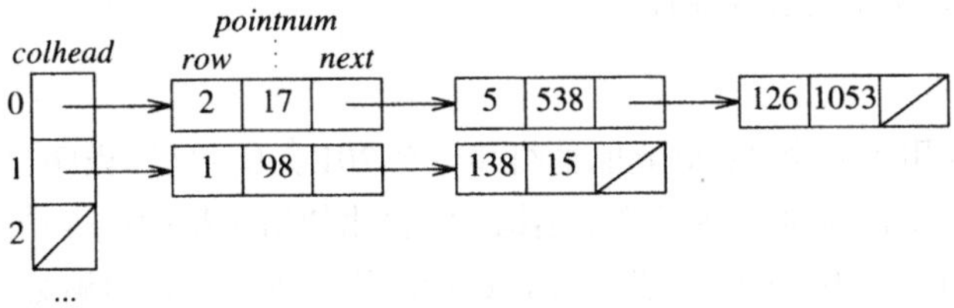

此图显示了第一列中的三个点：点 17 位于(0, 2)，点 538 位于(0, 5)，点 1053 位于(0, 126)。第二列有两个点，第三列没有点。我们使用如下的代码搜索点(i, j)：

```
for (p = colhead[i]; p != NULL; p = p->next)
    if p->row == j
        return p->pointnum
return -1
```

在最坏情况下查找某一数组元素要访问 200 个结点，但平均只要访问大约 10 个结点。

这个结构使用了一个具有 200 个指针以及 2 000 条记录的数组，每条记录都有两个整数和一个指针。附录 C 中的空间开销模型告诉我们，这些指针将占用 800 字节。如果我们为这些记录分配一个 2 000 元的数组，那么每条记录将占用 12 字节，总计需要 24 800 字节。（不过，如果我们使用该附录中所描述的默认 *malloc*，那么每条记录将消耗 48 字节，从而整个结构占用的空间将从最初的 80 KB 增加到 96.8 KB。）

程序员需要在一个不支持指针和结构的 Fortran 版本中实现该结构。因此，我们使用一个201元的数组来表示这些列，并用两个2 000元的并行数组表示这些点。下面给出了这三个数组，并用箭头表示出了最底部数组中的整数索引。（为与本书中的其他数组保持一致，Fortran数组以1为基数的下标已经改为使用以0为基数了。）

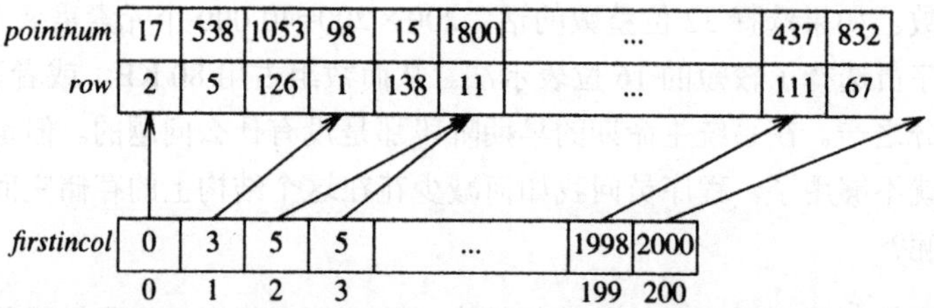

第*i*列中的点由数组*row*和*pointnum*中位于*firstincol*[*i*]和*firstincol*[*i*+1]−1之间的元素表示；虽然一共只有200个列，我们仍定义了*firstincol*[200]以满足上述条件。下面的伪代码用于确定位置(*i*, *j*)处的点：

```
for k = [firstincol[i], firstincol[i+1])
    if row[k] == j
        return pointnum[k]
return -1
```

这个版本使用了两个2 000元的数组和一个201元的数组。程序员使用16位整数（总计8 402字节）准确地实现了这个结构。它要比使用完整的矩阵稍微慢些（平均来说大约需要访问结点10次）。即便如此，该程序依然可以很好地满足用户的需求。由于系统具有良好的模块结构，通过更改一些函数，该方法几小时之后就成功合并到了系统中。我们观察到运行时间没有明显变化，同时节省了非常宝贵的70 KB空间。

该结构仍然很浪费空间，我们可以进一步节省空间。因为*row*数组的元素全部都小于200，所以其中的每个元素都可存储在一个单字节无符号*char*中，这使得空间压缩到了6 400字节。如果点本身已经存储了行信息，我们甚至可以完全删除*row*数组：

```
for k = [firstincol[i], firstincol[i+1])
    if point[pointnum[k]].row == j
        return pointnum[k]
return -1
```

这使得空间压缩为4 400字节。

在真实系统中，快速的查找时间非常关键，一方面是为了满足用户交互的需求，另一方面是因为其他函数需要通过同一个界面来查找点。如果运行时间不重要，并且这些点具有*row*和*col*字段，那么我们可以通过顺序搜索数组中的点，将最终的存储空间减少为 0 字节。即使这些点没有那两个字段，该结构的空间也可以通过“关键字索引”压缩到 4 000 字节：我们扫描一个数组，数组中的第 *i* 个元素包含有两个单字节的字段，用于提供点 *i* 的 *row* 和 *col* 值。

此问题举例说明了数据结构方面的几个通用问题。该问题很经典：稀疏数组表示（所谓稀疏数组是指其中大多数项都具有同一值（通常为 0）的数组）。问题的解决方案在概念上很简单，实现起来也很容易。我们使用了许多节省空间的方法。我们不需要 *lastincol* 数组和 *firstincol* 配对，而是利用下面的事实：此列中的最后一个点刚好在下一列的第一个点之前，中间没有其他点。这是一个重新计算而非存储的普通例子。类似地，也不需要和 *row* 配对的 *col* 数组，因为我们只在 *firstincol* 数组中访问 *row*，所以我们总是知道当前列。尽管 *row* 一开始是 32 位，但是我们不断地压缩其表示，先减少为 16 位并最终减少为 8 位。我们最初从记录着手，但最终还是转向了数组，以充分节省空间。

10.3　数据空间技术

尽管简化通常是解决问题的最容易的方法，但是对某些难一些的问题它就无能为力了。在本节中，我们将研究各种减少程序所需数据的存储空间的技术。在下一节中，我们将考虑减少执行期间保存程序时所用的内存。

*不存储，重新计算。*如果我们在需要某一给定对象的任何时候，都对其进行重新计算而不保存，那么保存该对象所需的空间就可以急剧地减少。这跟取消点阵并每次重新执行顺序搜索的思想是完全一致的。质数表可以用一个检索质数性的函数来替代。此方法牺牲更多的运行时间来换取更少的空间。这种方法只适用于需要“存储”的对象可以根据其描述重新计算得到的情况。

这一类“生成器程序”常用于在相同的随机输入上执行若干程序，其目的是比较程序的性能或者对正确性进行回归测试。取决于应用场合的不同，随机对象可能是具有随机生成的文本行的文件，也可能是具有随机产生的边缘的图形。我们不保存整个对象，只保存其生成器程序以及定义了该特定对象的随机种子。只需在访问它们时稍微多花点时间，庞大的对象就可以用较少的几字节表示出来。

PC 软件的用户从 CD-ROM 或 DVD-ROM 中安装软件时，可能会面对这一类选择。“典型安装”可能会在可以快速读取的系统硬盘中保存几百兆字节的数据；而“最小化安装”将把那些文件保留在慢一些的设备中，但是不会占用磁盘空间。后一类安装在每次调用程序时，会花费更多的时间来读取数据，从而节省磁盘空间。

对于许多跨网络运行的程序来说，在数据规模方面我们最关心的是传输数据需要花费的时间。有时我们会采纳“保存、不进行重新传输”的建议，通过本地缓存的方式减少需要传输的数据量。

稀疏数据结构。10.2 节曾介绍过这些结构。在 3.1 节中，我们将一个参差不齐的三维表保存在一个二维数组中，从而节省了空间。如果我们使用的关键字将作为索引存储到表中，那么就不需要存储关键字本身，而只需要存储其相关的属性，例如它被查看的次数。附录 A 的算法分类中给出了关键字索引技术的一些应用。在上述稀疏矩阵例子中，利用了 *firstincol* 数组的关键字索引技术允许我们在没有 *col* 数组的情况下进行索引。

使用指针来共享大型对象（如长文本字符串）可以消除存储同一对象的众多副本所需的开销，但是程序员在修改共享对象时必须小心谨慎地确保该对象的所有拥有者都希望修改。我桌上的年鉴就使用了这种方法，它提供了从 1821 年到 2080 年的日历。年鉴没有列出 260 个不同的日历，而是给出了 14 个标准日历（对于任意一年而言，1 月 1 日是星期几有 7 种可能，闰年还是非闰年有两种可能，两数相乘得到 14）以及一个为 260 年中的每一年提供日历编号的表。

一些电话系统将语音会话看作为稀疏结构以节省通信带宽。当某一方向上的音量下降到临界水平时，采用简洁的表示法来发送静音；节省下来的带宽可以用来传送其他的会话。

数据压缩。信息理论告诉我们，可以通过压缩的方式对对象进行编码，以减少存储空间。例如，在稀疏矩阵的例子中，我们将表示行号的空间从 32 位压缩至 16 位，继而再压缩至 8 位。在个人电脑的早期阶段，我编写的一个程序在读写较长的十进制数字串时需要花费很多的时间。我利用整数 $c = 10 \times a + b$ 对其进行了修改，将两个十进制数字 a 和 b 编码在 1 字节（而不是直观上的 2 字节）中。该信息可以通过以下两条语句进行解码：

```
a = c / 10
b = c % 10
```

这个简单的方案将输入输出时间减少了一半，同时也将数值数据文件压缩到了一张软盘而不是两张软盘中。这一类编码可以减少存储单个记录所需要的空间，但是那些小的记录在编码和解码时可能要花费更多的时间（见习题 6）。

信息理论还指出，我们可以压缩通过某一通道（比如磁盘文件或网络）发送的记录流。可以以 16 位的精度和 44 100 Hz 的采样频率来记录两个通道（立体声），从而实现 CD 质量的录音。使用这种表示方法时，一秒的声音需要 176 400 字节。MP3 标准能够将常见的声音文件（尤其是音乐）压缩到比这个值小很多的大小。习题 10.10 要求你度量一下表示文本、图像、声音等内容的几种常见格式的有效性。有些程序员为他们的软件构建了专用的压缩算法：13.8 节概述了如何将一个具有 75 000 个英语单词的文件压缩到 52 KB。

分配策略。有时空间的使用方式比使用量更重要。例如，假设你的程序使用了大小相同的三个不同类型的记录 x、y 和 z。在某些语言中，你的第一反应可能是为每种类型声明 10 000 个对象。但是如果你使用了 10 001 个 x 对象，而没有使用 y 和 z，结果会如何呢？虽然其他 20 000 个对象完全未使用，程序在用到第 10 001 个记录之后还是会溢出。**动态分配**通过在需要时才对记录进行分配的方式，避免了这一类明显的浪费。

动态分配是说，只有在需要的时候才进行分配；可变长记录的策略是说，当确实需要请求某样东西时，我们应该根据需要量来请求。在以前 80 列记录的穿孔卡片时代，磁盘上有一半以上的字节空着是很常见的。可变长文件使用换行符来指示一行的结束，因此加倍了这一类磁盘的存储量。我曾经使用可变长记录使一个具有输入/输出瓶颈的程序的运行速度变为原来的三倍：最大记录长度是 250，但平均只使用大约 80 字节。

垃圾回收。对废弃的存储空间进行回收再利用，从而那些不用的位就可以重新使用了。14.4 节中的堆排序算法在两个逻辑数据结构上使用了共享空间技术，它们在不同的时间使用，但存储在相同的物理位置上。

20 世纪 70 年代早期，Brian Kernighan 编写了一个旅行商程序，给出了另一种共享存储空间的方法：用两个 150×150 的矩阵（分别称为 a 和 b）来表示点与点之间的距离，从而 Kernighan 知道它们的对角线上都是 0 值（$a[i, i]$=0），并且矩阵是对称的（$a[i, j]$=$a[j, i]$）。因此他让两个三角矩阵共享某一方阵 c 的空间，下图是其中的一个角落：

0	$b[0,1]$	$b[0,2]$	$b[0,3]$
$a[1,0]$	0	$b[1,2]$	$b[1,3]$
$a[2,0]$	$a[2,1]$	0	$b[2,3]$
$a[3,0]$	$a[3,1]$	$a[3,2]$	0

这样一来，Kernighan 可以通过下面的代码引用 $a[i, j]$：

```
c[max(i, j),min(i, j)]
```

类似地可以求出 *b*，但是应该将 *min* 和 *max* 进行对调。从那时起，该表示法就已经在各种不同的程序中得到使用了。该技术使 Kernighan 的程序在一定程度上编写起来更困难，运行也稍微慢些，但是在一台具有 30 000 个字的机器上，将两个 22 500 个字的矩阵减少成一个是非常有意义的。如果矩阵是 30 000×30 000 的话，那么在今天具有 1 GB 内存的机器上，同样的改动可以取得相同的效果。

在现代计算系统中，使用对高速缓存敏感的内存布局非常重要。虽然我研究这个理论已有许多年了，但是当我第一次使用某个多碟 CD 软件时，我仍然表现出了发自内心的赞赏。全国电话号码簿和全国地图使用起来非常方便，我很少需要替换 CD，除非我已从国家的一部分浏览到另一部分了。但是当我第一次使用两张盘的百科全书时，我发现交换 CD 太频繁了，于是转而使用老版本的只有一张 CD 的百科全书；内存布局对我的访问模式不敏感。答案 2.4 图示了三个具有截然不同的内存访问模式的算法的性能。我们将在 13.2 节看到一个应用，其中即使数组接触的数据比链表要多，它们也会比链表更快一些，这是因为它们的顺序内存访问和系统的高速缓存之间交互作用时效率很高。

10.4　代码空间技术

有时候空间的瓶颈不在于数据，而在于程序本身的规模。在过去的艰苦年代，我见到的图形程序通篇都是类似下面的代码：

```
for i = [17, 43] set(i, 68)
for i = [18, 42] set(i, 69)
for j = [81, 91] set(30, j)
for j = [82, 92] set(31, j)
```

其中 *set*(*i*, *j*)“点亮”屏幕位置(*i*, *j*)处的图形元素。使用适当的函数，例如用于绘制水平线的 *hor* 函数和绘制垂直线的 *ver* 函数，就可以使用如下所示的代码替换上面的代码：

```
hor(17, 43, 68)
hor(18, 42, 69)
vert(81, 91, 30)
vert(82, 92, 31)
```

上述代码又可以用一个解释程序来替换，这个解释程序从类似下面的数组中读取命令：

```
h 17 43 68
h 18 42 69
v 81 91 30
v 82 92 31
```

如果上面的代码仍然占用太多的空间，那么可以为命令（*h*、*v* 或两个其他命令）分配两个位，并为后面的三个数（这些数是范围 0~1023 内的整数）各分配 10 个位。于是，上面的每一行都可以用一个 32 位的字来表示（当然，这种转换应该由程序来进行）。这种假设的情况揭示了用于节省代码空间的几种通用技术。

函数定义。通过用函数替换代码中的常见模式可以简化上述程序，相应地也就减少了它的空间需求，并增加了其清晰性。这是一个“自底向上”设计的普通例子。尽管我们不能忽视自顶向下的方法，但是由良好的原始对象、组件和函数所给出的均一的视图可以使系统维护起来更加简单，同时也节省了空间。

微软删除了很少使用的函数，将它的整个 Windows 系统压缩为更加紧凑的 Windows CE，使其能在具有更小内存的“移动计算平台”上运行。更小的用户界面（UI）在窄屏幕的小型机器（范围从嵌入式系统到掌上电脑）上运行得很好，熟悉的界面对用户来说非常方便。更小的应用编程接口（API）使得系统对于 Windows API 程序员来说很熟悉（并且对于许多程序来说，即使不兼容，也非常接近）。

解释程序。在图形程序中，我们用 4 字节的解释程序命令替换了一长行的程序文本。3.2 节描述了一个用于格式信函编程的解释程序，尽管它的主要目的是使编程和维护更加简单，但是它同时也减少了程序的空间。

Kernighan 和 Pike 在他们 *Practice of Programming* 一书（本书 5.9 节介绍过）的 9.4 节介绍了“解释程序、编译器和虚拟机”。他们列举了许多例子来支撑他们的结论：“虚拟机是以前的一个有趣想法，最近借助于 Java 和 Java 虚拟机（Java Virtual Machine, JVM）又重新流行起来了；对于高级语言编写的程序来说，它们很容易提供可移植的、高效的表示。”

翻译成机器语言。在节省空间方面，大多数程序员都较少控制的是将源语言转换成机器语言。对编译器进行一些微小更改可以将 Unix 系统早期版本的代码空间减少 5 个百分点。作为最后的手段，程序员可能会考虑到将大型系统中的关键部分用汇编语言进行手工编码。这个高开销、易出错的过程仅能带来一点点好处；不过，该方法还是常常用于一些内存宝贵的系统，比如数字信号处理器。

Apple Macintosh 于 1984 年诞生，当时是一款令人称奇的机器。这款小小的计算机（128 KB RAM）具有令人震惊的用户界面和功能强大的软件集。设计小组预期将制造好几百万台这样的机器，并且只提供 64 KB 的 ROM。通过谨慎的函数定义（包括泛化运算符、归并函数和删除功能特性）并使用汇编语言手工编码整个 ROM 程序，该小组将令人难以置信的众多系统功能集成到了一个极微小的 ROM 上。他们估计那些经过极度调优的代码（具有谨慎的寄存器分配和指令选择）的规模只有从高级语言编译过来的等价代码的一半（尽管那时编译器已经有了很大的改进）。紧凑的汇编代码运行起来也非常快。

10.5　原理

空间开销。如果程序使用的内存增加 10%，结果会怎样呢?在某些系统中，这一类增加不会产生什么开销：先前浪费的位现在又可以使用了。在一些非常小的系统中，程序可能根本就不能运行了：内存溢出。如果数据正在通过网络进行传输，那么传送所需的时间可能会增加 10%。在一些缓存和分页系统中，运行时间可能会急剧增加，因为先前与 CPU 较接近的数据现在已经逆行到二级高速缓存、RAM 或磁盘中了（见 13.2 节和答案 2.4)。在着手降低空间开销之前，应该首先了解空间开销。

空间的“热点”。9.4 节描述了程序的运行时间通常如何聚集在某些热点上：少部分的代码却经常要占用大部分的运行时间。对于代码所需的内存来说则相反：无论一条指令执行了 10 亿次还是根本就没有执行，它需要的存储空间都一样（除非大部分的代码从来就没有交换到内存或小的高速缓存中)。事实上数据也可以具有热点：少数常见类型的记录经常要占用大部分的内存。例如，在稀疏矩阵的例子中，在 512 KB 内存的机器中，单个数据结构就要占用 15%的内存。如果使用一个只有 1/10 大小的结构替换它，会对系统产生重大的影响；而如果把一个只有 1 KB 的结构缩小为原来的 1%，所产生的影响基本可以忽略不计。

空间度量。大多数系统都提供了性能监视器，它允许程序员观察程序运行时内存的使用情况。附录 C 描述了一个用 C++语言编写的空间开销模型，该模型在与性能监视器结合使用时尤其有帮助。各种专用工具有时也会有所帮助。当程序开始变得不可思议的庞大时，Doug McIlroy 将连接程序（linker）的输出和源文件合并显示，以确定每一行耗费了多少字节（有些宏会扩展成几百行的代码)；这样他就可以裁减目标代码了。有一次我通过观看由内存分配程序返回的内存块电影（“算法动画”)，发现了程序中的内存泄漏。

折中。有时程序员必须牺牲程序的性能、功能或可维护性以获得内存，这样的工程决策应该在所有可选办法都研究过之后才能做出。本章中的几个例子介绍了减少空间是如何对其他因素产生积极影响的。在 1.4 节中，位图数据结构允许一组记录保存在内存中而不是磁盘中，从而将运行时间从几分钟减少到几秒钟，代码也从几百行减少为几十行。出现这种情况的唯一原因是原先的解决方案远非最佳。但是我们这些技术还不够精湛的程序员常常会发现自己的代码就处于这种状态。在放弃任何希望得到的特性之前，我们应该努力寻找能够改善解决方案各方面性能的方法。

与环境协作。编程环境对于程序的空间效率具有重要影响。重要的环境因素包括编译器和运行时系统所使用的表示方式、内存分配策略以及分页策略。类似附录 C 的空间开销模型有助于确保我们不会向相反的方向努力。

使用适合任务的正确工具。我们已经学习过 4 种节省数据空间的技术（重新计算、稀疏结构、信息理论以及分配策略）、三种节省代码空间的技术（函数定义、解释程序以及翻译）和一条最重要的原则（简单性）。当内存很关键时，请务必考虑所有可能的选项。

10.6 习题

1. 20 世纪 70 年代末期，Stuart Feldmen[①]构建了一个 Fortran 77 编译器，它刚好能装入 64 KB 的代码空间。为了节省空间，他将一些关键记录中的整数压缩存储到 4 位的字段中。在去除该处理并将这些字段保存到 8 位中时，他发现尽管数据空间增加了数百字节，但是整个程序的大小却下降了好几千字节。为什么？

2. 如何编写程序来构建 10.2 节中所描述的稀疏矩阵数据结构？你能够为该任务找出简单但空间效率很高的其他数据结构吗？

3. 你的系统总共有多大的磁盘空间？当前可用的有多少？RAM 有多大？RAM 中一般有多少是可用的？你可以度量一下系统中各个高速缓存的大小吗？

4. 请研究一下非计算机应用（比如年鉴以及其他参考书）中的数据，说明如何进行空间节省。

5. 在早期的编程生活中，Fred Brooks 还面临着另外一个问题：在小型计算机中表示一个大型的表（不在本书 10.1 节的讨论范围内）。他无法在数组中存储整个表，因

① Stuart Feldmen，著名程序员，IEEE 和 ACM 会士。现为谷歌公司工程副总裁。他是 make 的开发者，也是第一个 Fortran 77 编译器的作者。2007 年曾任 ACM 主席。——编者注

为那样的话每一个表项只能分配到很少的几个位的空间（实际上，每个表项只能使用一个十进制数字——前面已经交代过这是在早些年的时候！）。他采用的第二种方法是利用数值分析找出匹配该表的函数。他得到了一个非常接近于真实表的函数（每一项都和真实的表项相差无几），并且该函数需要的内存总量也可忽略不计。但是合法的约束意味着这样的近似还不够好。Brooks 如何在有限的空间内获得所需要的精度呢?

6. 在 10.3 节中对数据压缩的讨论曾提及使用 / 和%运算解码 $10 \times a + b$ 的问题。试探讨使用逻辑运算或查表来替换那些运算时所涉及的时间和空间折中。

7. 在常见类型的性能监视工具中，程序计数器的值是按常规的方式采样的，譬如 9.1 节中的例子。请设计一个存储这些值的数据结构，要求该结构的时间和空间效率都比较高并且能够提供有用的输出。

8. 浅显的数据表示方法为日期（MMDDYYYY）分配了 8 字节的空间，为社会保障号（DDD-DD-DDDD）分配了 9 字节的空间，为名字分配了 25 字节（其中姓 14 字节、名 10 字节、中间名 1 字节）的空间。如果空间紧缺，你该如何减少这些需求呢？

9. 将在线英语字典压缩得尽可能小。统计空间时，请同时度量数据文件以及解释该数据的程序。

10. 原始声音文件（如*.wav*）可以压缩成*.mp3* 文件，原始图像文件（如*.bmp*）可以压缩成*.gif* 或*.jpg* 文件，原始视频文件（如*.avi*）可以压缩成*.mpg* 文件。试针对这些文件格式进行实验，以评估其压缩效果。这些专用的压缩格式与通用的方案（如 *gzip*）相比效果如何?

11. 一位读者发现："对于现代程序，庞大的常常不是你所编写的代码，而是你所使用的代码"。请研究一下你的程序，看看连接之后程序有多大。如何节省其空间?

10.7 深入阅读

Fred Brooks 所著的《人月神话》一书的 20 周年纪念版于 1995 年由 Addison-Wesley 出版。它重印了原书中一些令人赏心悦目的短文，同时也添加了几篇新的短文，其中包括比较有影响力的"没有银弹——软件工程中的根本和次要问题"。该书第 9 章的标题是"削足适履"，它侧重强调在大型项目中对空间进行管理控制。他提出了一些重要的问题，如规模预算、功能说明以及用空间换取功能或时间。

本书 8.8 节所引用的图书中，许多都描述了以空间有效性算法和数据结构为基础的科学技术。

10.8 巨大的节省（边栏）

在 20 世纪 80 年代早期，Ken Thompson 构建了一个两阶段的程序，用于解决给定条件下国际象棋的残局问题，比如一个王和两个象对一个王和一个马（此程序与 Thompson 和 Joe Condon 开发的前世界计算机冠军 Belle 截然不同）。该程序的学习阶段通过从所有可能的“将死”状态向前回溯来计算所有可能的走法的距离，计算机科学家将这种方法称为动态规划，而国际象棋专家则称之为回溯分析。由此得到的数据库使程序对于给定的局面无所不晓。所以在游戏阶段，它对残局下得非常出色。国际象棋专家用下面的词汇来描绘它所玩的游戏：“复杂、流畅、漫长且困难”以及“难以忍受的缓慢和神秘”，它颠覆了既定的国际象棋信仰。

显式地存储所有可能的棋盘在空间上的开销是惊人的。因此 Thompson 将棋盘的编码用作关键字，对存储棋盘信息的磁盘文件进行索引；文件中的每一条记录都包含了 12 位，包括从该位置开始到将死的距离。因为棋盘上有 64 个格子，因此五个固定的棋子位置可以编码为 0~63 的 5 个整数，这些整数给出了每个棋子的位置。由此得到的关键字具有 30 位，这就意味着数据库中的表有 2^{30}（或者说大约 10.7 亿）个 12 位的记录，这已经超过了当时可用的磁盘容量。

Thompson 的关键发现在于：下图中关于任何虚线对称的棋盘具有相同的值，没有必要在数据库中进行重复。

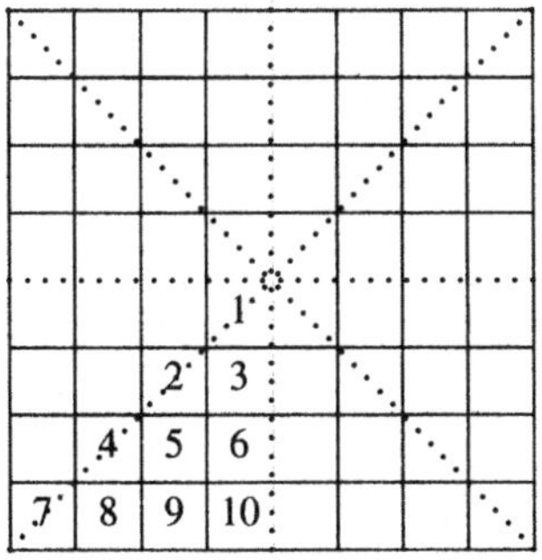

因此他的程序假设白王位于十个已编号方格中的一个；对于任意的棋盘，至多连续三次镜像就可以摆放成这种形式。这一标准化使得磁盘文件的大小减小到 10×64^4 或 10×2^{24} 个 12 位的记录。Thompson 进一步观察发现：因为黑王不能和白王相邻，因此对于两个王来说只有 454 种合法的棋盘位置，其中白王位于上述已标记的十个方格中的一个。利用这一事实，他的数据库缩小到了 454×64^3 或大约 12 100 万条 12 位的记录，这样就可以保存到一张（专用的）磁盘中了。

尽管 Thompson 知道他的程序只会有一个副本，他还是将文件压缩到了一张磁盘上。Thompson 利用数据结构的对称性使所需磁盘空间减少为原来的八分之一，这对整个系统的成功而言是很关键的。节省空间的同时也减少了程序的运行时间：通过减少在残局程序中需要分析的位置数，将学习阶段的时间从好多个月减少到了几周的时间。

第三部分　应用

下面开始介绍有趣的内容。第一部分和第二部分是打基础的，接下来的 5 章利用前面的知识来编写有趣的程序。这些问题本身就很重要，而且它们也集中体现了在实际应用中如何结合运用前面各章的方法。

第 11 章描述几种通用的排序算法。第 12 章描述一个来自实际应用（生成随机整数样本）的特定问题，并给出了该问题的多种解决方案。方案之一是将其视为一个集合表示问题，这是第 13 章讨论的内容。第 14 章介绍堆数据结构，并说明如何用堆得到高效的排序和优先级队列算法。第 15 章讨论与在很长的文本字符串中搜索单词或短语有关的几个问题。

本部分内容

第 11 章

排序

如何将一系列的记录排成有序的？答案通常很简单：*使用库排序函数*。答案 1.1 使用了这种方法，2.8 节的变位词程序也两次使用了这种方法。不幸的是，这种方法并非总是有效的：已有的排序方法使用起来可能比较麻烦，或者速度太慢以至于无法解决特定问题（如 1.1 节所示）。在这样的情况下，程序员别无选择，只能自己编写排序函数。

11.1 插入排序

大多数纸牌游戏玩家都采用插入排序来排列他们手中的纸牌。他们保持已发到手中的牌有序，当拿到一张新牌时，将其插入到合适的位置。为了将数组 $x[n]$按升序排列，我们首先将第一个元素视为有序子数组 $x[0..0]$，然后插入 $x[1]$, …, $x[n-1]$，如下面的伪代码所示：

```
for i = [1, n)
    /* invariant: x[0..i-1] is sorted */
    /* goal: sift x[i] down to its
        proper place in x[0..i] */
```

下面 4 行展示了该算法在一个四元数组上的执行过程。“|”代表变量 i，它左边的元素是有序的，而它右边的元素则还是初始顺序。

```
3|1 4 2
1 3|4 2
1 3 4|2
1 2 3 4|
```

筛选过程通过一个从右到左的循环实现，该循环使用变量 j 跟踪被筛选的元素。只要该元素具有前驱（即 j >0）且没有到达最终位置（即该元素小于它的前驱），循环就交换该元素和它的前驱。完整的程序 *isort*1 如下所示：

```
for i = [1, n)
    for (j = i; j > 0 && x[j-1] > x[j]; j--)
        swap(j-1, j)
```

当偶尔需要自己写排序代码时，这是我们考虑的第一个函数，只有简单的 3 行代码。

想要调优代码的程序员可能会觉得，内循环的 *swap* 函数调用看起来非常不舒服。我们可以通过把该函数的函数体内联写入内循环来实现加速，当然许多优化编译器会帮我们完成这一工作。我们将 *swap* 函数替换为下面的代码，其中变量 *t* 用来交换 *x*[*j*] 和 *x*[*j*−1]。

```
t = x[j];    x[j] = x[j-1];    x[j-1] = t
```

在我的机器上，*isort*2 的运行时间仅是 *isort*1 的三分之一。

这一改动又为进一步的加速提供了思路。由于内循环中总是给变量 *t* 赋同样的值（*x*[*i*]的初始值），所以我们可以将上面两个含 *t* 的赋值语句移出内循环，并相应地修改比较语句，从而得到 *isort*3：

```
for i = [1, n)
    t = x[i]
    for (j = i; j > 0 && x[j-1] > t; j--)
        x[j] = x[j-1]
    x[j] = t
```

只要 *t* 小于已排序部分的元素值，我们的代码就将该元素右移一个位置，最终将 *t* 移到它的正确位置。这个 5 行的函数比前面那个函数要复杂一些，但是在我的系统上它要比 *isort*2 函数快 15%。

在随机数据的最坏情况下，插入排序的运行时间和 n^2 成正比。下表给出了当输入为 *n* 个随机整数时上面 3 个程序的运行时间。

程序	C 代码行数	纳秒（ns）
插入排序 1	3	$11.9n^2$
插入排序 2	5	$3.8n^2$
插入排序 3	5	$3.2n^2$

第 3 个程序排序 *n*=1 000 个整数需要几毫秒，排序 *n*=10 000 个整数需要 1/3 秒，而排

序 100 万个整数则几乎要 1 小时。我们很快会看到能在 1 秒之内排序 100 万个整数的代码。如果输入数组几乎是有序的，那么插入排序的速度会快很多，因为每个元素移动的距离都很短。11.3 节的一个算法利用了这个性质。

11.2　一种简单的快速排序

C. A. R. Hoare[1]在其发表于 *Computer Journal* 5 第 1 期（1962 年 4 月，第 10 页～第 15 页）的经典论文“Quicksort”（快速排序）中描述了这一算法。该算法用到了 8.3 节的*分治算法*：排序数组时，将数组分成两个小部分，然后对它们递归排序。例如，为了对如下的八元数组排序：

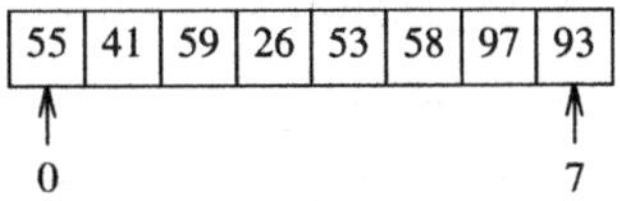

我们围绕第一个元素（55）进行划分：所有小于 55 的元素都移到其左边，所有大于 55 的元素都移到其右边：

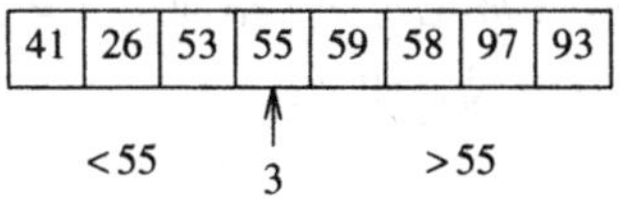

如果接着对下标为 0～2 的子数组和下标为 4～7 的子数组分别进行递归排序，那么整个数组就排好序了。

该算法的平均运行时间远远小于插入排序的 $O(n^2)$时间，因为划分操作对排序大有裨益：通常对 n 个元素进行划分之后，大约有一半元素的值大于划分值，一半元素的值小于划分值；而在相近的运行时间内，插入排序的筛选操作只能使一个元素移动到正确的位置。

现在我们对递归函数有了大概的了解。下面分别用下标 l 和 u 表示数组待排序部分的下界和上界，递归结束的条件是待排序部分的元素个数小于 2。代码如下：

```
void qsort(l, u)
    if l >= u then
        /* at most one element,do nothing */
        return
```

[1] C. A. R. Hoare（1934—），著名计算机科学家，1980 年图灵奖得主。现为微软剑桥研究院高级研究员。1960 年提出 Quicksort，后开发了用于程序验证的 Hoare 逻辑。——编者注

```
    /* goal:partition array around a particular value,
       which is eventually placed in its correct position p
     */
    qsort(l, p-1)
    qsort(p+1, u)
```

为了围绕值 t 对数组进行划分，我们首先从一个简单的方案开始，这是我从 Nico Lomuto 那里学到的。下一节我们将看到一个更快的程序[1]，但本节提供的这个函数很容易理解，所以基本上不会出错，而且速度也绝对不慢。给定了值 t 之后，我们需要重新组织 $x[a..b]$，并计算下标 m（“中间元素”的下标），使得所有小于 t 的元素在 m 的一端，所有大于 t 的元素在 m 的另一端。下面通过一个从左到右扫描数组的简单 *for* 循环完成这一任务，其中用变量 i 和 m 指向数组 x 中的下列不变式。

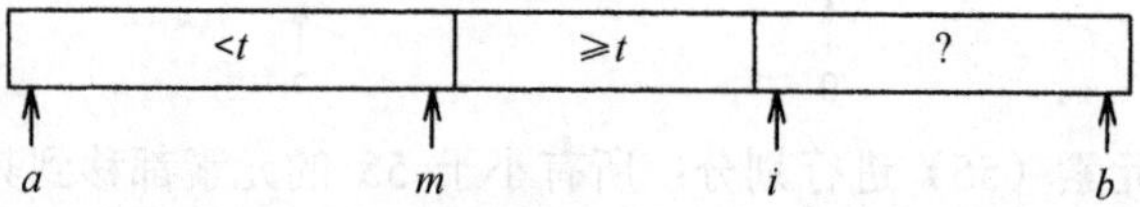

代码在检查第 i 个元素时必须考虑两种情况。如果 $x[i] \geqslant t$，那么一切正常，不变式仍然为真；如果 $x[i]<t$，可以通过使 m 增加 1（指向小元素的新位置）重新获得不变式，然后交换 $x[i]$ 和 $x[m]$。完整的划分代码如下：

```
m = a-1
for i = [a, b]
    if x[i] < t
        swap(++m, i)
```

下面我们围绕值 $t = x[l]$ 划分数组 $x[l..u]$，从而 a 为 $l+1$，b 为 u。因此，划分循环的不变式如下所示：

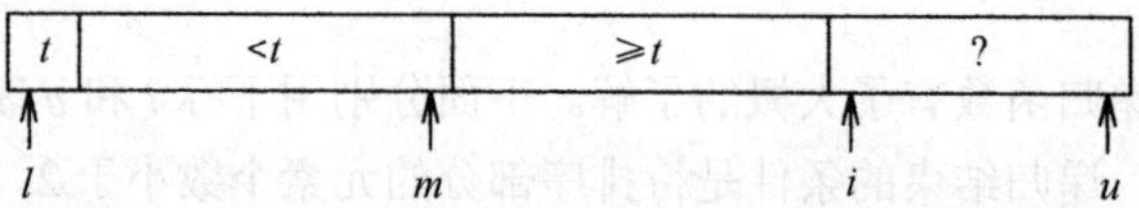

循环终止时我们有：

① 下一节将讨论更常见的双向划分的快速排序。虽然其基本思想非常简单，但实现细节上很需要技巧——我曾花两天的时间跟踪一个错误，结果却发现该错误隐藏在一个很短的划分循环内。看过本章草稿的一位读者认为，标准的方法实际上比 Lomuto 的方法简单，并马上写出一些代码来证明他的观点，我在他的代码中发现两个错误后就不再继续看了。

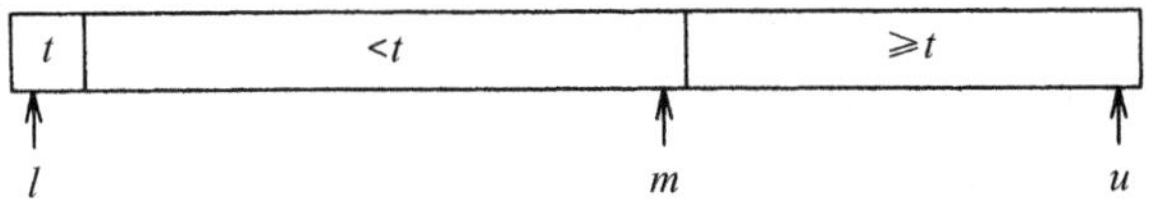

然后交换 $x[l]$和 $x[m]$得到：[①]

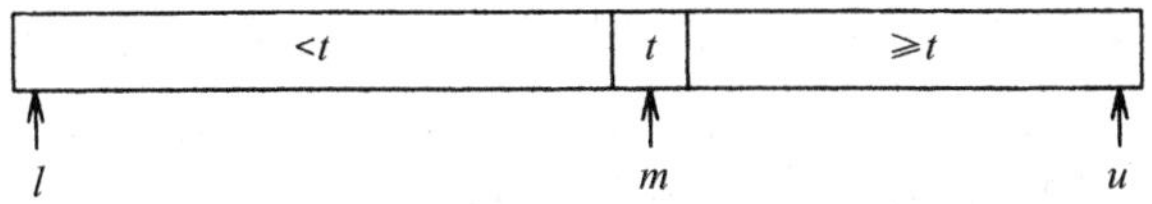

现在就可以使用参数(l, m−1)和(m+1, u)分两次递归调用该函数了。

最终我们得到了第一个完整的快速排序代码 *qsort*1，可以通过调用 *qsort*1(0, n−1)来排序数组 $x[n]$。

```
void qsort1(l, u)
    if (l >= u)
        return
    m = l
    for i = [l+1, u]
        /* invariant: x[l+1..m]   <   x[l] &&
                      x[m+1..i-1] >= x[l] */
        if (x[i] < x[l])
           swap(++m, i)
    swap(l, m)
    /* x[l..m-1] < x[m] <= x[m+1..u] */
    qsort1(l, m-1)
    qsort1(m+1, u)
```

习题 2 描述了 Bob Sedgewick 对该划分代码的修改，修改后可以得到稍微快一点的 *qsort*2。

有关该程序正确性证明的大部分内容都已经在上面的推导过程中给出了，具体的证明过程可以通过归纳进行：外层的 *if* 语句正确地处理了空数组和 1 元数组，而划分代码可以正确地把对大数组的处理分成两个小的递归调用。该程序不会导致无限递归调用，因为每次调用都排除了元素 $x[m]$，这和 4.3 节证明二分搜索会终止道理一样。

① 很容易忽略这一步并使用参数(l, m)和(m+1, u)进行递归。不幸的是，当 t 是子数组中严格最大的元素时，这会导致死循环。验证终止条件的时候会发现这个问题，不过读者大概能猜到我实际上是如何发现该问题的。Miriam Jacob 给出了一个优雅的不正确性证明：由于从来不移动 $x[l]$，因此只有当数组中的最小元素为 $x[0]$时该排序才是正确的。

当输入数组是不同元素的随机排列时，该快速排序平均需要 $O(n \log n)$的时间和 $O(\log n)$的栈空间，其数学原理和 8.3 节类似。大多数算法教材都分析了快速排序的运行时间，并证明了任何基于比较的排序至少需要 $O(n \log n)$次比较，因此快速排序接近最优算法。

*qsort*1 函数是我所知道的最简单的快速排序，它展现了该算法的很多重要属性。首要的一点是，它确实非常快：在我的系统上，该函数只需要一秒多一点的时间就能够对 100 万个随机整数排序，大约比调优过的 C 库函数 *qsort* 快 1 倍。（*qsort* 函数的通用接口开销很大。）*qsort*1 函数可能适合于一些表现良好的应用程序，但是它具有很多快速排序算法都具有的另一个性质：在一些常见输入下，它可能退化为平方时间的算法。下一节研究几种更健壮的快速排序算法。

11.3　更好的几种快速排序

*qsort*1 函数能够快速完成对随机整数数组的排序，但是在非随机的输入上它的性能如何呢？如 2.4 节所示，程序员经常通过排序来获取相等的元素，因此我们需要考虑一种极端的情况：*n* 个相同元素组成的数组。对于这种输入，插入排序的性能非常好：每个元素需要移动的距离都为 0，所以总的运行时间为 $O(n)$；但 *qsort*1 函数的性能却非常糟糕。$n-1$ 次划分中每次划分都需要 $O(n)$时间来去掉一个元素，所以总的运行时间为 $O(n^2)$。当 $n = 1\,000\,000$ 时，运行时间从一秒一下子变成了两小时。

使用双向划分可以避免这个问题，循环不变式如下：

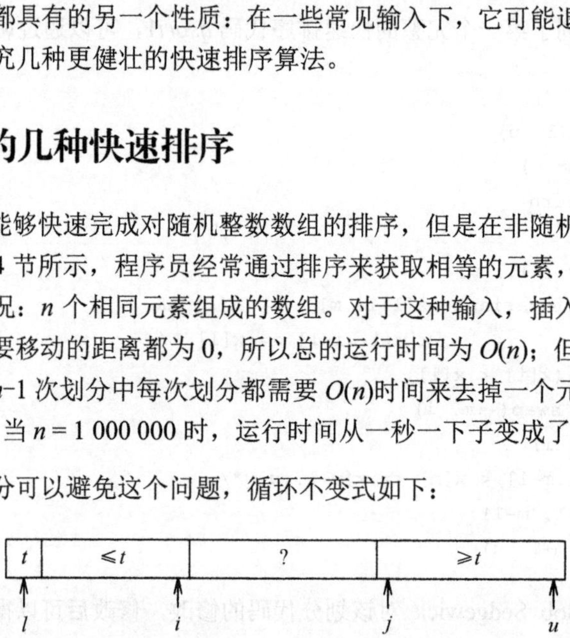

下标 *i* 和 *j* 初始化为待划分数组的两端。主循环中有两个内循环，第一个内循环将 *i* 向右移过小元素，遇到大元素时停止；第二个内循环将 *j* 向左移过大元素，遇到小元素时停止。然后主循环测试这两个下标是否交叉并交换它们的值。

但是当元素相同时代码如何处理呢？我们首先想到的就是向右扫描元素以避免做多余的工作，但是当所有的输入都相同时，这样做会得到平方时间的算法。我们的做法是，当遇到相同的元素时停止扫描，并交换 *i* 和 *j* 的值。这样做虽然使交换的次数增加了，但却将所有元素都相同的最坏情况变成了差不多需要 $n \log_2 n$ 次比较的最好情况。下面的代码实现了这一划分：

```
void qsort3(l, u)
```

```
    if l >= u
        return
    t = x[l]; i = l;  j = u+1
    loop
        do i++ while i <= u && x[i] < t
        do j-- while x[j] > t
        if i > j
            break
        swap(i, j)
    swap(l, j)
    qsort3(l, j-1)
    qsort3(j+1, u)
```

除了能够处理所有元素都相同的情况外，上述代码的平均交换次数也比 *qsort*1 少。

到目前为止我们看到的快速排序都是围绕数组的第一个元素进行划分的。对于随机输入，这样做没问题；但对于某些常见输出，这种做法需要的时间和空间都偏多。例如，如果数组已经按升序排好了，那么它就会先围绕最小的元素进行划分，然后是第 2 小的元素，依次类推，总共需要 $O(n^2)$的时间。随机选择划分元素就可以得到好得多的性能，我们通过把 $x[l]$与 $x[l..u]$中的一个随机项相交换来实现这一点：

```
swap(l, randint(l, u));
```

如果手头没有现成的 *randint* 函数，可以用习题 12.1 的方法自己编写一个。但是不论使用什么样的代码，都要注意 *randint* 返回的值在范围$[l, u]$内——超出这个范围是不对的。结合随机划分元素和双向划分代码后，对于任意的 n 元输入数组，快速排序的期望运行时间都正比于 $n \log n$。随机情况下的性能边界是通过调用随机数生成器得到的，而不是通过对输入的分布进行假设得到的。

我们的快速排序程序花费了大量的时间来排序很小的子数组。如果用插入排序之类的简单方法来排序这些很小的子数组，程序的速度会更快。Bob Sedgewick 开发了一个特别聪明的代码来实现这一思想。当在小的子数组上调用快速排序时（l 和 u 非常接近），不执行任何操作。我们将 *qsort*3 中的第一个 *if* 语句改为

```
if u-l < cutoff
    return
```

其中 *cutoff* 是一个小整数。程序结束时，数组并不是有序的，而是被组合成一块一块随机排列的值，并且满足这样的条件：某一块中的元素小于它右边任何块中的元素。

我们必须通过另一种排序算法对块的内部进行排序。由于数组是几乎有序的，因此插入排序比较适用。我们通过下面的代码排序整个数组：

```
qsort4(0,n-1)
isort3()
```

习题 3 讨论了 *cutoff* 的最佳取值。

代码调优的最后一步是展开循环体内 *swap* 函数的代码（另外两个对 *swap* 的调用不在循环体内，将它们改写为内联代码对速度的影响微乎其微）。下面是快速排序的最终代码 *qsort4*：

```
void qsort4(l, u)
    if u - l < cutoff
        return
    swap(l, randint(l, u))
    t = x[l]; i = l; j = u+1
    loop
        do i++; while i <= u && x[i] < t
        do j--; while x[j] > t
        if i > j
            break
        temp = x[i]; x[i] = x[j];   x[j] = temp
    swap(l, j)
    qsort4(l, j-1)
    qsort4(j+1, u)
```

习题 4 和习题 11 提到了进一步提升快速排序性能的方法。

下表对快速排序的各个版本进行了总结。最右边一列给出了排序 n 个随机整数所需的平均运行时间，以纳秒为单位。在某些输入条件下，表中许多函数都会退化为平方时间的算法。

程序	代码行数	纳秒（ns）
C 标准库函数 *qsort*	3	$137n \log_2 n$
快速排序 1	9	$60n \log_2 n$
快速排序 2	9	$56n \log_2 n$
快速排序 3	14	$44n \log_2 n$
快速排序 4	15+5	$36n \log_2 n$
C++标准库函数 *sort*	1	$30n \log_2 n$

*qsort*4 函数使用 15 行 C 代码和 *isort*3 的 5 行代码。对于 100 万个随机整数，表中程序的运行时间在 0.6 秒（C++标准库函数 *sort*）到 2.7 秒（C 标准库函数 *qsort*）之间。第 14 章我们将看到一种即使在最坏情况下也能够确保 $O(n \log n)$时间性能的排序算法。

11.4 原理

本章介绍了一些重要的经验，既适用于排序这个具体问题，也适用于一般意义上的编程。

C 标准库函数 *qsort* 非常简单并且相对比较快，它比我们自己写的快速排序慢，仅仅是因为其通用而灵活的接口对每次比较都使用函数调用。C++标准库函数 *sort* 具有最简单的接口：我们通过调用 *sort*(*x*, *x*+*n*)对数组 *x* 排序，其实现也非常高效。如果系统中的排序能够满足我们的需求，那么就不用考虑自己编写代码了。

插入排序的代码很容易编写，并且对于小型的排序任务速度很快。在我的系统上用 *isort*3 排序 10 000 个整数仅需要 1/3 秒。

如果 *n* 很大，快速排序的 $O(n \log n)$运行时间就非常关键了。第 8 章的算法设计方法为我们提供了分治算法的基本思想，第 4 章的程序验证技术使得我们能够用简洁而高效的代码实现这一思想。

尽管更改算法能够大大提高程序的速度，但第 9 章介绍的代码调优技术可以进一步使插入排序的速度提高 3 倍，快速排序的速度提高 1 倍。

11.5 习题

1. 就像其他任何强大的工具一样，我们经常会在不该使用排序的时候使用排序，而在应该使用排序的时候却不使用排序。请解释在计算 *n* 元浮点数组的最小值、最大值、均值、中值、众数等统计量时，哪些情况会导致过度使用排序，哪些情况会导致不能充分利用排序。

2. [R. Sedgewick]把 *x*[*l*]用作哨兵以加速 Lomuto 的划分方案。说明如何利用该方法来移除循环后面的 *swap*。

3. 在特定的系统上如何求出最佳的 *cutoff* 值?

4. 虽然快速排序平均只需要 $O(\log n)$的栈空间，但是在最坏情况下需要线性空间，请解释原因。修改程序，使得最坏情况下仅使用对数空间。

5. [M. D. McIlroy]说明如何用 Lomuto 的划分方案来排序可变长的位字符串，要求排序时间与位字符串的长度之和成正比。

6. 使用本章的方法实现其他排序算法。选择排序首先将最小的值放在 $x[0]$中，然后将剩下的最小值放在 $x[1]$中，依次类推。希尔排序（或“递减增量排序”）类似于插入排序，但它将元素向后移动 h 个位置而不是 1 个位置。h 的值开始很大，然后慢慢减小。

7. 本章排序程序的实现在本书网站上可以下载。统计在你的系统上运行各个排序函数所需的时间，然后将统计值制成类似于 11.3 节的表。

8. 起草一份一页纸的指南，告诉用户如何在你的系统中选择排序算法。确保你的方法考虑到了运行时间、空间、程序员时间（开发和维护所需的时间）、通用性（如果我想排序代表罗马数字的字符串会怎样？）、稳定性（具有相同关键字的项在排序前后的相对顺序不变）及输入数据的特殊性质等。用第 1 章描述的排序问题对你的方法进行极端测试。

9. 编写程序，在 $O(n)$时间内从数组 $x[0..n-1]$中找出第 k 个最小的元素。算法可以对 x 中的元素进行排序。

10. 收集并显示有关快速排序程序运行时间的经验数据。

11. 编写一个“宽支点”划分函数，使得结果如下图所示：

$<t$	$=t$	$>t$

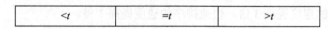

如何将这个函数应用到快速排序中？

12. 研究非计算机应用（如邮件收发室和零钱分类器）中的排序方法。

13. 本章介绍的快速排序程序随机选择一个划分元素。研究更好的选择，如数组样本的中间值。

14. 本章的快速排序使用两个整数下标表示子数组。在 Java 等语言中必须这样做，因为它们没有指向数组的指针。在 C 或 C++中，可以为初始调用和所有的递归调用使用类似下面的函数来排序整数数组：

```
void qsort(int x[], int n)
```

修改本章中的算法，使它们都使用这一接口。

11.6 深入阅读

Don Knuth 的 *The Art of Computer Programming, Volume 3*：*Sorting and Searching* 自从 1973 年由 Addison-Wesley 出版社出版第 1 版以来，一直是该领域的权威参考书。他详细介绍了所有的重要算法，从数学上分析了它们的运行时间，并用汇编代码加以实现。该书的练习题和参考书目描述了基本算法的许多重要变体。1998 年 Knuth 把该书更新并修订为第 2 版，他所用的 MIX 汇编语言有些过时了，但是代码所体现的基本原理是永恒的。

Robert Sedgewick 在他的名著 *Algorithms* 第 3 版中对排序和搜索给出了更加现代化的描述。该书的第一部分至第四部分分别介绍基本原理、数据结构、排序和搜索。*Algorithms in* C 由 Addison-Wesley 出版社 1997 年出版，*Algorithms in* C++（C++顾问为 Chris Van Wyk）于 1998 年出版，*Algorithms in Java*（Java 顾问为 Tim Lindholm）于 1999 年出版。他着重强调算法的实现（使用你自己选择的语言），并从直观上解释了算法的性能。

这几本书是本书中排序（本章）、搜索（第 13 章）和堆（第 14 章）的主要参考书。

第 12 章

取样问题

小的计算机程序往往能够寓教于乐。本章讲述了一个小程序的故事，这个程序不仅用来教学和娱乐，还可用于商业。

12.1 问题

20 世纪 80 年代初，一家公司购买了他们的第一批个人电脑。帮他们安装好主要的系统使其能够运行之后，我建议他们留意一下办公室里面哪些工作可以用程序来完成。该公司的业务主要是民意调查，一个机敏的雇员建议让计算机自动完成从打印出的选区列表中进行随机取样的任务。由于手工做这件事非常枯燥，处理一张随机表需要一小时，她建议开发如下的程序：

> *程序的输入是选区名列表以及整数 m，输出是随机选择的 m 个选区名的列表。通常选区名有几百个（每个选区名都是一个不超过 12 字符的字符串），m 通常在 20～40。*

这是用户对程序的想法，在开始编码之前你对问题的定义有什么建议吗？

我的第一反应是：这是一个好主意，这个任务比较适合自动化。接着我指出，输入几百个名字虽然可能比处理一长列一长列的随机数容易一些，但仍然很枯燥且容易出错。一般来说，如果程序会忽略输入中的大部分内容，那么准备很多的输入是不明智的。因此我建议实现下面的程序：

> *程序的输入包含两个整数 m 和 n，其中 $m<n$。输出是 $0 \sim n-1$ 范围[①]内 m*

① 实际的程序产生范围 $1 \sim n$ 内的 m 个整数；本章为了与其他各章的范围保持一致，将范围改为从 0 开始，这样就能够使用本章的程序生成 C 数组的随机样本。程序员从 0 开始计数，而民意调查人员从 1 开始。

> 个随机整数的有序列表，不允许重复。从概率的角度说，我们希望得到没有重复的有序选择，其中每个选择出现的概率相等。

当 m=20，n=200 时，程序可能产生 4、15、17 开始的 20 元序列，然后用户在 200 个选区的列表中标记出第 4、15、17 个选区名，等等，从而完成对 20 个样本的取样。（要求输出是有序的，因为硬拷贝的列表上没有编号。）

这一规范说明得到了潜在用户的认可。程序实现之后，原先一小时的任务现在只要几分钟就能完成。

下面从另一个角度考虑这个问题：如何实现这个程序？假设你有一个能返回很大的随机整数（远远大于 m 和 n）的函数 *bigrand*()，以及一个能返回 *i..j* 范围内均匀选择的随机整数的函数 *randint*(*i*, *j*)。习题 1 讨论了这类函数的实现。

12.2　一种解决方案

确定了需要解决的问题后，我马上找出 Knuth 的 *The Art of Computer Programming, Volume2：Seminumerical Algorithms*[①]（在家里和办公室都放上 Knuth 的三卷本是很值得的）。10 年前我就认真研读过这本书，隐约记得书中有几个算法能解决类似的问题。花几分钟考虑了几种可能的设计（稍后将看到）之后，我认为该书 3.4.2 节的算法 S 是理想的解决方案。

该算法依次考虑整数 0, 1, 2, …, n−1，并通过一个适当的随机测试对每个整数进行选择。通过按序访问整数，我们可以保证输出结果是有序的。

为了理解选择的标准，我们考虑 m=2，n=5 的情况。选择第一个整数 0 的概率为 2/5，可以通过下面的语句来实现：

```
if (bigrand() % 5) < 2
```

不幸的是，我们不能用同样的概率来选择整数 1：这样做的话我们从 5 个整数中选出的整数可能是两个也可能不是两个。因此决策有一些不同：在已经选择 0 的情况下以 1/4 的概率选择 1，而在未选择 0 的情况下以 2/4 的概率选择 1。一般来说，如果要从 r 个剩余的整数中选出 s 个，我们以概率 s/r 选择下一个数，伪代码如下：

① 该书第 3 版英文影印版先后由清华大学出版社和机械工业出版社出版，中译版由国防工业出版社出版，中文书名为《计算机程序设计艺术 第 2 卷 半数值算法》。——编者注

```
select = m
remaining = n
for i = [0, n)
    if (bigrand() % remaining) < select
        print i
        select--
    remaining--
```

只要 $m \leqslant n$，程序选出的整数就恰为 m 个：不会选择更多的整数，因为 *select* 变为 0 时就不能再选择整数了；也不会选择更少的整数，因为当 *select/remaining* 为 1 时一定会选中一个整数。*for* 语句确保按序输出所有的整数。上面的描述可以帮助我们理解，每个子集被选中的可能性是相等的，Knuth 给出了概率上的证明。

有了 Knuth 的第 2 卷，这个程序就很容易写了。即使包含标题、输入、输出和越界检查等内容，最终的程序也只需要 13 行 BASIC 代码。问题定义清楚后，程序只需要半小时就能写完，而且使用多年也没有问题。下面给出 C++实现：

```
void genknuth(int m, int n)
{   for (int i = 0; i < n; i++)
        /* select m of remaining n-i */
        if ((bigrand() % (n-i)) < m) {
            cout << i << "\n";
            m--;
        }
}
```

程序只需要几十字节的内存，并能快速解决该公司的问题。不过，当 n 很大时代码会比较慢。例如，在我的机器上使用该算法生成一些 32 位的随机正整数（$n=2^{32}$）需要 12 分钟。粗略估算：使用该代码生成 1 个 48 位或 64 位的整数需要多长时间？

12.3 设计空间

解决现有的问题是程序员任务的一部分，另一个也许更重要的部分是做好解决未来问题的准备。有时，这种准备包括听课或者读书（如 Knuth 的书）；不过更常见的情况是，程序员通过询问自己如何用不同的方法解决问题来得到提高。下面我们就来探讨一下取样问题的其他可行解决方案。

我在西点军校谈到这个问题的时候，要求他们给出一个比原始问题陈述（输入 200

个选区名）更好的方法。一个学生建议复印选区列表，用切纸机将副本切成一个个含有选区名的纸片，然后将这些纸片放入一个纸袋中并摇乱，再从中抽取需要数目的纸片。这个学生的方法体现了1.7节引用的James L. Adams著作[①]的主题“打破概念壁垒”。

从现在开始，我们把目标限定为：编写程序从0～n-1中随机输出m个有序整数。首先评价一下前面的算法。该算法思想很简单，代码很短，所需的空间很少，运行时间对这个应用来说也是合适的。不过，算法的运行时间跟n成正比，对有些应用来说是不能接受的，因此花几分钟研究一下其他的解决方案还是值得的。在阅读下面的内容之前，尽可能地多思考几种高层设计，不必考虑实现细节。

一种解决方案是在一个初始为空的集合里面插入随机整数，直到个数足够。伪代码如下：

```
initialize set S to empty
size = 0
while size < m do
    t = bigrand() % n
    if t is not in S
        insert t into S
        size++
print the elements of S in sorted order
```

算法对每个元素的决策都一样，输出是随机的。接下来的问题是如何实现集合*S*，我们需要考虑一种适当的数据结构。

如果在过去，我们应该会考虑有序链表、二分搜索树和其他所有可能的常见数据结构；但是现在，我可以利用C++标准模板库，用*set*表示集合：

```
void gensets(int m, int n)
{   set<int> S;
    while (S.size() < m)
        S.insert(bigrand() % n);
    set<int>::iterator i;
    for (i = S.begin(); i != S.end(); ++i)
        cout << *i << "\n";
}
```

我很高兴地看到，实际的代码跟伪代码一样长。这个程序在我的机器上生成并输出100

① 该书第57页概述了Arthur Koestler对3种创新性的看法：ah!表示原创性，aha!（啊哈！）表示新发现，西点军校这个学生的解决方案属于haha!——用低技术含量的答案来解决高技术含量的问题是很有趣的。

万个有序且无重复的随机整数大约需要 20 秒。由于仅生成并输出 100 万个无序的整数（不考虑重复）就需要约 12.5 秒，因此集合运算只消耗了约 7.5 秒。

C++标准模板库规范每次插入操作都在 $O(\log m)$时间内完成，而遍历集合则需要 $O(m)$时间，因此完整的程序需要 $O(m \log m)$时间（当 m 相对于 n 比较小时）。但是，该数据结构的空间开销比较大：我机器的 128 MB 内存大约在 $m = 1\ 700\ 000$[①]时就不够用了。下一章考虑该集合的几种可能的实现。

生成随机整数的有序子集的另一种方法是把包含整数 0～n−1 的数组顺序打乱，然后把前 m 个元素排序输出。Knuth 书中 3.4.2 节的算法 P 就是这样做的：

```
for i = [0, n)
    swap(i, randint(i, n-1))
```

Ashley Shepherd 和 Alex Woronow 发现，在这个问题中我们只需要打乱数组的前 m 个元素，对应的 C++代码如下：

```
void genshuf(int m, int n)
{   int i, j;
    int *x = new int[n];
    for (i = 0; i < n; i++)
        x[i] = i;
    for (i = 0; i < m; i++) {
        j = randint(i, n-1);
        int t = x[i]; x[i] = x[j]; x[j] = t;
    }
    sort(x, x+m);
    for (i = 0; i < m; i++)
        cout << x[i] << "\n";
}
```

算法需要 n 个元素的内存空间和 $O(n+m \log m)$的时间，如果使用习题 1.9 的方法，则可以把时间降低到 $O(m \log m)$。我们可以把这个算法看作前一个程序的变体：$x[0..i-1]$表示已选中元素的集合，$x[i..n-1]$表示未选中元素的集合。通过显式地表示未选中的元素，我们就避免了对新元素是否已经选中的测试。不幸的是，由于这一方法需要 $O(n)$的时间和空间，其性能通常不如 Knuth 的算法。

到目前为止，我们已经看到了几种不同的解决方案，但这些绝没有能够覆盖所有

① 第 13 章中的说法是 1 600 000。——审校者注

的解决方案。例如，当 n 为 100 万而 m 为 $n-10$ 时，我们可能需要生成一个包含 10 个元素的有序随机样本，然后输出不在样本中的整数。再如，当 m 为 1 000 万而 n 为 2^{31} 时，我们可能会先生成 1 100 万个整数，然后排序并对其扫描以删除重复的元素，最后得到一个有 1 000 万元素的有序样本。答案 9 给出了一种特别聪明的基于搜索的算法，该算法由 Robert W. Floyd[①]提出。

12.4 原理

本章示例了编程过程中的几个重要步骤。尽管下面的讨论是按一种比较自然的顺序对各个阶段进行介绍的，实际的设计过程应该更加能动一些：可以从一个阶段跳到另一个阶段，在得到一个可以接受的解决方案之前，通常需要对每个步骤迭代好多次。

正确理解所遇到的问题。与用户讨论问题产生的背景。问题的陈述通常就包含了与解决方案有关的想法；跟早期的想法一样，这些想法也都应当加以考虑，但不应排除其他想法。

提炼出抽象问题。简洁、明确的问题陈述不仅可以帮助我们解决当前遇到的问题，还有助于我们把解决方案应用到其他问题中。

考虑尽可能多的解法。很多程序员很快就发现了问题的“解决方案”，他们只愿意花 1 分钟的时间思考，然后花一天的时间来写代码，而不是先花 1 小时来思考，再用 1 小时来写代码。非正式的高级语言可以帮助我们描述设计方案：伪代码表示控制流，抽象数据类型表示关键的数据结构。对文献的熟悉程度在这一阶段非常重要。

实现一种解决方案。如果运气很好的话，在前一阶段我们就能发现某种解决方案显著优于其他方案；否则我们就得列出几种性能比较好的方案，然后从中选择最佳的。我们应该用简单的代码和最有效的操作来实现最终选择的解决方案。[②]

回顾。Polya 的 *How to Solve It* 一书能帮助任何程序员更好地解决问题。在第 15

① Robert W. Floyd（1936—2001），著名计算机科学家，1978 年图灵奖得主。他设计了 Floyd 算法，并开创了使用逻辑断言进行程序验证的领域。他与 Knuth 紧密合作，是 *The Art of Computer Programming* 的主要审稿人，也是书中引用次数最多的人。——编者注

② 习题 6 描述了一个根据编程风格评分的课堂练习。大部分学生都提交了一页的解决方案，因此都得到了中等的成绩。有两个学生前一个暑假刚参加过一个大型的软件开发项目，他们提交了长达 5 页的美观程序，程序由十多个函数组成，每个函数都有详细的标题。我给了他俩不及格：最好的程序只有 5 行代码，膨胀了 60 倍的代码当然不能及格。当这两个学生向我抱怨说他们使用了标准的软件工程工具时，我引用了 Pamela Zave 的名言：“软件工程的目的是控制复杂度，而不是增加复杂度。”他们只要多花几分钟的时间来寻求简单的程序，就能节省好几小时的时间。

页他指出："改进的余地总是存在的。经过充分的研究和思考，任何解决方案都可能被改进；任何情况下，对于解决方案的理解一定能被改进。"他的提示对编程问题的回顾尤其有用。

12.5 习题

1. C 库函数 *rand*()通常返回约 15 个随机位。使用该函数实现函数 *bigrand*()和 *randint*(*l*, *u*)，要求前者至少返回 30 个随机位，后者返回[*l*, *u*]范围内的一个随机整数。

2. 12.1 节要求所有的 *m* 元子集被选中的概率相等，这个条件比按等概率 *m*/*n* 选择每个整数更强。给出这样一个算法，其中每个元素的选中概率相等，但某些子集的选中概率比其他子集大一些。

3. 证明当 $m<n/2$ 时，基于集合的算法在找到一个不在集合中的数之前，所进行的成员测试的期望次数小于 2。

4. 在基于集合的程序中对成员测试进行计数会产生组合数学和概率论中的许多有趣问题。程序平均需要进行多少次成员测试（用 *m* 和 *n* 的函数表示）？当 $m=n$ 时需要进行多少次测试？什么情况下测试次数可能超过 *m*？

5. 本章描述了一个问题的几种算法，在本书网站上可以下载。在你的系统上度量它们的性能，并指出它们各自在什么情况下适用（表示为运行时间、空间等的约束函数）。

6. [课堂练习]我在本科生算法课程中两次让学生生成有序子集。在学习排序和搜索之前，要求学生以 m=20 和 n=400 编写程序，主要评分标准是简短、清晰——运行时间不是问题。学习了排序和搜索之后，要求学生再次以 m=5 000 000 和 n=1 000 000 000 解决该问题，评分标准主要基于运行时间。

7. [V. A. Vyssotsky]生成组合对象的算法通常用递归函数来表达。Knuth 的算法如下所示：

```
void randselect(m, n)
        pre  0 <= m <= n
        post m distinct integers from 0..n-1 are
              printed in decreasing order
        if m > 0
             if (bigrand() % n) < m
```

```
            print n-1
            randselect(m-1, n-1)
        else
            randselect(m, n-1)
```

该程序按降序输出随机整数，如何使其按升序输出整数？请论证你的升序程序的正确性。如何使用该程序的基本递归结构生成 0～n-1 的所有 m 元子集？

8. 如何从 0～n-1 中随机选择 m 个整数，使得最终的输出顺序是随机的？如果有序列表中允许有重复整数，如何生成该列表？如果既允许重复，又要求按随机顺序输出，情况又如何？

9. [R. W. Floyd]当 m 接近于 n 时，基于集合的算法生成的很多随机数都要丢掉，因为它们之前已经存在于集合中了。能否给出一个算法，使得即使在最坏情况下也只使用 m 个随机数？

10. 如何从 n 个对象（可以依次看到这 n 个对象，但事先不知道 n 的值）中随机选择一个？具体来说，如何在事先不知道文本文件行数的情况下读取该文件，从中随机选择并输出一行？

11. [M. I. Shamos]在一种彩票游戏中，每位玩家有一张包含 16 个覆盖点的纸牌，覆盖点下面隐藏着 1～16 的随机排列，玩家刮开覆盖点则现出下面的整数。只要整数 3 出现，则判玩家负；否则，如果 1 和 2 都出现（顺序不限），则玩家获胜。随机选择覆盖点的顺序就能够获胜的概率如何计算？请列出详细步骤，假定你最多可以使用 1 小时的 CPU 时间。

12. 我为本章中某个程序编写的最初版本有一个严重的问题：m=0 时程序会死掉；m 取其他值时程序会生成看似随机的输出，但实际上并非如此。如何测试一个生成样本的程序，以确保其输出确实是随机的？

12.6 深入阅读

Don Knuth 的 *The Art of Computer Programming*，*Volume 2*：*Seminumerical Algorithms* 第 3 版由 Addison-Wesley 出版社于 1998 年出版。该书第 3 章（前半部分）是关于随机数的，第 4 章（后半部分）是关于算术的。3.4.2 节是关于“随机取样并打乱顺序”的，与本章的内容尤其相关。如果想要自己写随机数生成器或执行高级算术运算的函数，那么你就需要阅读这本书。

第 13 章

搜索

搜索问题形形色色。编译器查询变量名以得到其类型和地址，拼写检查器查字典以确保单词拼写正确，电话号码簿程序查询用户名以找到其电话号码，因特网域名服务器查找域名来发现 IP 地址，上述应用以及很多类似的应用都需要搜索一组数据，以找到与特定项相关的信息。

本章详细研究这样一个搜索问题：在没有其他相关数据的情况下，如何存储一组整数？这个问题虽然很小，但却能引发在数据结构实现中出现的许多关键问题。我们从任务的准确定义开始，用该定义来研究最常见的集合表示。

13.1 接口

我们接着讨论上一章的问题：生成[0, *maxval*]范围内 *m* 个随机整数的有序序列，不允许重复。我们的任务是实现如下伪代码：

```
initialize set S to empty
size = 0
while size < m do
    t = bigrand() % maxval
    if t is not in S
        insert t into S
        size++
print the elements of S in sorted order
```

我们将待生成的数据结构称为 *IntSet*，意指整数集合。下面我们将把该接口定义为具有如下公有成员的 C++类：

```
class IntSetImp {
```

```
public:
    IntSetImp(int maxelements, int maxval);
    void insert(int t);
    int size();
    void report(int *v);
};
```

构造函数 *IntSetImp* 将集合初始化为空。该函数有两个参数，分别表示集合元素的最大个数和集合元素的最大值（加 1），特定的实现可以忽略其中之一或者两个都忽略。*insert* 函数向集合中添加一个新的整数（前提是集合中原先没有这个整数），*size* 函数返回当前的元素个数，而 *report* 函数（按顺序）将元素写入向量 *v* 中。

很明显，这个小接口仅具有教学意义，它缺乏对工业级的类来说很关键的许多构成部分，例如错误处理和析构函数。熟练的 C++程序员可能会使用带有虚函数的抽象类来表示这个接口，然后将每个实现都写成派生类。这里我们将采用更简单（有时也更高效）的方法：用 *IntSetArr* 作为数组实现的名字，用 *IntSetList* 作为链表实现的名字，等等，并用名字 *IntSetImp* 表示任意实现。

下面的 C++代码使用这样的数据结构来生成一个随机整数的有序集合：

```
void gensets(int m, int maxval)
{   int *v = new int[m];
    IntSetImp S(m, maxval);
    while (S.size() < m)
        S.insert(bigrand() % maxval);
    S.report(v);
    for (int i = 0; i < m; i++)
        cout << v[i] << "\n";
}
```

由于 *insert* 函数不会在集合中放入重复元素，因此我们不需要在插入前测试元素是否在集合中。

IntSet 最简单的实现使用了 C++标准模板库中强大而通用的 *set* 模板：

```
class IntSetSTL {
private:
    set<int> S;
public:
    IntSetSTL(int maxelements, int maxval) { }
```

```
        int size() { return S.size(); }
        void insert(int t) { S.insert(t);}
        void report(int *v)
        {   int j = 0;
            set<int>::iterator i;
            for (i = S.begin(); i != S.end(); ++i)
                v[j++] = *i;
        }
};
```

构造函数忽略了它的两个参数。我们的 *IntSet*、*size* 和 *insert* 函数都对应着标准模板库中的相应部分，*report* 函数使用标准的迭代器将集合元素按序写入数组。这个通用结构不错，但还不够完美，下面马上可以看到一种时空效率都高出 5 倍的对这个特定任务的实现。

13.2 线性结构

我们使用整数数组这一最简单的结构来建立第一个集合实现。我们的类用整数 *n* 保存当前的元素个数，用向量 *x* 保存整数本身：

```
private:
    int n, *x;
```

（附录 E 给出了所有类的完整实现。）下面的 C++构造函数伪代码为数组分配空间（多分配一个元素的空间给哨兵用）并将 *n* 设置为 0：

```
IntSetArray(maxelements, maxval)
    x = new int[1 + maxelements]
    n = 0
    x[0] = maxval
```

由于 *report* 函数要求按序输出，因此我们总是按这种方式存储元素（在其他一些应用中，使用无序数组更合适）。此外，我们将哨兵元素 *maxval* 放置在已排序元素的最后（*maxval* 比集合中的任何元素都大）。这样我们就可以通过寻找一个更大的元素（*maxval*）来判断是否到达了列表的末尾，从而可以简化插入代码，并使其运行得更快：

```
void insert(t)
    for (i = 0; x[i] < t; i++)
        ;
```

```
        if x[i] == t
            return
        for (j = n; j >= i; j--)
            x[j+1] = x[j]
        x[i] = t
        n++
```

第一个循环扫描小于插入值 t 的数组元素。如果新元素等于 t，则说明它已经在集合中，因此立即返回；否则，将大于 t 的元素（包括哨兵）都向右移动一位，将 t 插入到空出来的位置，并使 n 增 1。这需要 $O(n)$时间。

各种实现中的 *size* 函数都是一样的：

```
int size()
    return n
```

report 函数在 $O(n)$时间内将所有元素（哨兵除外）复制到输出数组中：

```
void report(v)
    for i = [0, n]
        v[i] = x[i]
```

如果事先知道集合的大小，那么数组是一种比较理想的结构。因为数组是有序的，所以我们可以用二分搜索建立一个运行时间为 $O(\log n)$的成员函数。本节最后将详细讨论数组的运行时间。

如果事先不知道集合的大小，那么链表将是表示集合的首选结构，而且链表还能省去插入时元素移动的开销。

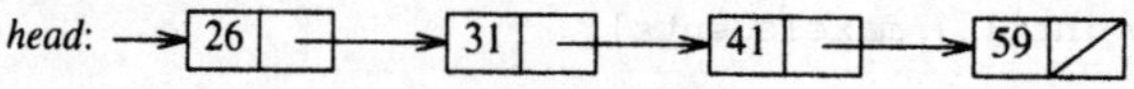

我们的 *IntSetList* 类将使用下面的私有数据；

```
private:
    int n;
    struct node{
        int val;
        node *next;
        node(int v, node *p){val = v ; next = p ;}
    };
    node *head, *sentinel;
```

链表中的每个结点都具有一个整数值和一个指向链表中下一结点的指针，*node* 构造函数将两个参数的值赋给这两个字段。

出于和使用有序数组同样的原因，我们使用的链表也是有序的。与在数组中一样，链表使用了一个哨兵结点，其值大于所有实际的值。构造函数建立这样一个结点，并让头指针 *head* 指向它。

```
IntSetList(maxelements, maxval)
    sentinel = head = new node(maxval, 0)
    n = 0
```

report 函数遍历链表，并将排好序的元素写入输出向量：

```
void report(int*v)
    j = 0
    for (p = head; p != sentinel; p = p->next)
        v[j++] = p->val
```

为了在有序链表中插入一项，我们遍历整个链表，直到找到该元素（此时立即返回）或找到一个更大的值并在该点插入新元素。不幸的是，情形的多样化通常会导致代码比较复杂，见答案 4。我所知道的完成这个任务的最简单的代码是一个递归函数，初始调用是这样的：

```
void insert(t)
    head = rinsert(head,t)
```

递归部分非常清晰：

```
node *rinsert(p, t)
    if p->val < t
        p->next = rinsert(p->next, t)
    else if p->val > t
        p = new node(t, p)
        n++
    return p
```

当编程问题隐藏在众多特殊情形下时，使用递归通常能够将代码简化成上面这样。

当使用上面两种结构之一来生成 *m* 个随机整数时，对 *m* 次搜索中的每一次而言，平均运行时间都与 *m* 成正比。因此这两种结构的总运行时间都正比于 m^2。我猜测链表版本比数组版本要稍微快一些：它通过使用额外的空间（用于指针）避免了对较大元素的移动。下面是 n 固定为 1 000 000，而 m 在 10 000～40 000 变化时的运行时间。

结构	集合规模（m）		
	10 000	20 000	40 000
数组	0.6	22.6	211.1
简单链表	5.7	31.2	170.0
链表（消除递归）	1.8	12.6	273.8
链表（组分配）	1.2	25.7	225.4

跟我所估计的一样，数组的运行时间成平方级递增，并带有比较合理的常数因子。不过我第一次实现的链表开始时比数组慢一个数量级，而后来运行时间的增幅却比 m^2 还要快，肯定出了问题。

我的第一反应就是将原因归结为递归。除了递归调用的开销外，*rinsert* 函数的递归深度就是找到元素的位置，即 $O(m)$。递归全部结束后，代码将初值赋给几乎所有的指针。当我将递归函数转换成答案 4 所描述的迭代版本时，运行时间几乎降低为原来的三分之一。

我的第二反应就是使用习题 5 中的方法改变存储分配：构造函数只分配一个具有 m 个结点的块，*insert* 根据需要使用这些空间；而不是为每次插入操作分配一个新结点。这样就在如下两个不同的方面得到了改进。

- 附录 C 中的运行时间开销模型表明，存储分配的时间开销要比大多数简单运算高出两个数量级。我们把 m 次这样的高开销运算减少到一次。
- 附录 C 中的空间开销模型表明，如果将多个结点分配为一个块，每个结点只消耗 8 字节的空间（4 字节用于整数，4 字节用于指针），40 000 个结点消耗 320 KB 的空间，比较适合我机器的二级缓存。但如果分别为这些结点分配空间，每个结点都要消耗 48 字节的空间，总共要消耗 1.92 MB 的空间，超出了二级缓存的容量。

在另一个具有更高效分配器的系统中，消除递归能够将加速系数变为 5，而改成单次分配却只能加速 10%。与大多数代码调优技巧类似，高速缓存和递归消除有时会带来很大好处，有时却没什么作用。

数组插入算法搜索整个序列，以找到目标值的合适插入位置，然后再移动比它大的值。链表插入算法只需要完成第一部分工作，不需要进行移动。既然链表只完成一半的工作，为什么却需要两倍的时间呢？部分原因是它需要两倍的内存：大链表必须将 8 字节的结点读入高速缓存以访问 4 字节的整数；另一部分原因是数组访问数据时具有较好的预见性，而链表的访问模式则可能导致在内存空间的来回跳跃。

13.3　二分搜索树

下面考虑支持快速搜索和插入的结构。下图给出了依次插入整数 31、41、59 和 26 后的二分搜索树：

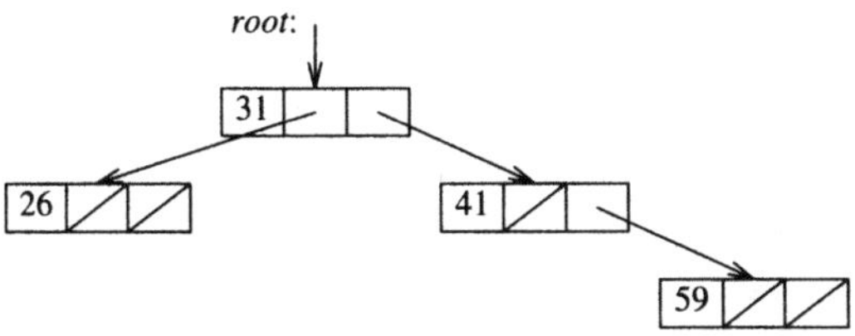

IntSetBST 类定义了结点和根：

```
private:
    int n, *v, vn;
    struct node {
        int val;
        node *left, *right;
        node(int i) { val = i; left = right = 0; }
    };
    node *root;
```

初始化该树的时候将根设为空，并通过调用递归函数执行其他操作：

```
IntSetBST(int maxelements, int maxval) { root = 0; n = 0; }
void insert(int t) { root = rinsert(root, t); }
void report(int *x) { v = x; vn = 0; traverse(root); }
```

插入函数遍历这棵树，直到找到该值（搜索终止）或在整棵树中都没有找到该值（插入该结点）：

```
node *rinsert(p, t)
    if p == 0
        p = new node(t)
        n++
    else if t < p->val
        p->left = rinsert(p->left, t)
    else if t > p->val
```

```
        p->right = rinsert(p->right, t)
    // do nothing if p->val == t
    return p
```

由于在我们的应用中，元素是按随机顺序插入的，所以不用考虑复杂的平衡方案。（习题 1 表明随机集合上的其他算法会得到高度不平衡的树。）

中序遍历[1]首先处理左子树，接着输出结点本身，最后处理右子树：

```
void traverse(p)
    if p == 0
        return
    traverse(p->left)
    v[vn++] = p->val
    traverse(p->right)
```

它使用变量 *vn* 来索引向量 *v* 中下一个可用元素。

下表给出了 13.1 节的 C++标准模板库 *set* 结构（在我机器上的实现）、二分搜索树以及下一节将要介绍的其他几种结构的运行时间，最大的整数规模固定为 $n = 10^8$。*m* 可以尽可能地增大，直到系统内存不够而必须使用磁盘时为止。

结构	集合规模（*m*）					
	1 000 000		5 000 000		10 000 000	
	秒	MB	秒	MB	秒	MB
标准模板库	9.38	72				
二分搜索树	7.30	56				
二分搜索树*	3.71	16	25.26	80		
箱	2.36	60				
箱*	1.02	16	5.55	80		
位向量	3.72	16	5.70	32	8.36	52

这些时间都没有包含打印输出的时间，打印输出的时间略大于标准模板库实现的时间。简单的二分搜索树避免了标准模板库所使用的复杂的平衡方案（标准模板库规范能够确保在最坏情况下有较好的性能），因此稍微快一些，同时使用的空间也少一

① 我写的第一个版本的中序遍历有一个奇怪的问题：编译器报告内部不一致然后就死掉了，而关闭优化选项后这个问题就没有了，因此当时我认为是编译器的问题。后来我发现了问题所在：我在快速编写遍历代码时，忘记加上对 *p* 进行是否为空的 *if* 测试了。优化器试图将尾递归转化为循环，如果找不到终止循环的测试就会死掉。

些。标准模板库在 $m = 1\ 600\ 000$[①]时内存就不够了，而第一个二分搜索树则大概在 $m = 1\ 900\ 000$ 时内存不够。标记为“二分搜索树*”的一行描述了进行几种优化后的二分搜索树运行情况。最重要的是它一次性地为所有结点分配空间（如习题 5），这大大降低了树的空间需求，从而大约能使运行时间降低三分之一。该代码还将递归转化为迭代（如习题 4），并使用了习题 7 中描述的哨兵结点，这又使速度提高了约 25%。

13.4　用于整数的结构

下面介绍最后两个利用整数特性的结构。位向量在第 1 章就介绍过了，下面是位向量的私有数据和函数：

```
enum { BITSPERWORD = 32, SHIFT = 5, MASK = 0x1F };
int n, hi, *x;
void set(int i)  {        x[i>>SHIFT] |=  (1<<(i & MASK)); }
void clr(int i)  {        x[i>>SHIFT] &= ~(1<<(i & MASK)); }
int  test(int i) { return x[i>>SHIFT] &   (1<<(i & MASK)); }
```

构造函数为数组分配空间并将所有位都置为 0：

```
IntSetBitVec(maxelements, maxval)
    hi = maxval
    x = new int[1 + hi/BITSPERWORD]
    for i = [0, hi]
        clr(i)
    n = 0
```

习题 8 表明通过一次操作多位数据可以提高这一速度。在 *report* 函数中也可以进行类似的提速：

```
void report(v)
    j = 0
    for i = [0, hi]
        if test(i)
            v[j++] = i
```

最后，*insert* 函数将位置为 1 并增加 *n*，但只在该位原先为 0 的情况下才这样做：

① 与第 12 章的说法 1 700 000 不一致，不过这不影响理解。——译者注

```
void insert(t)
    if test(t)
        return
    set(t)
    n++
```

上一节的表说明如果最大值 n 足够小使得位向量能装入内存，那么这个结构的效率就非常高（习题 8 讨论如何使其更高效）。不幸的是，如果 n 是 2^{32}，则位向量需要 0.5 GB 的内存。

最后一个数据结构结合了链表和位向量的优点。它在箱序列中放入整数，如果有 0～99 范围内的 4 个整数，就将它们放在 4 个箱中：箱 0 包含 0～24 范围内的整数，箱 1 表示 25～49 范围内的整数，箱 2 表示 50～74 内的整数，箱 3 表示 75～99 内的整数：

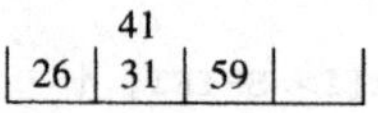

这 m 个箱可以看作一种散列，每个箱中的整数用一个有序链表表示。由于整数是均匀分布的，所以每个链表的期望长度都为 1。

该结构具有如下私有数据：

```
private:
    int n, bins, maxval;
    struct node{
        int val;
        node *next;
        node(int v, node *p) { val = v; next = p; }
    };
    node **bin, *sentinel;
```

构造函数为箱数组和哨兵元素分配空间，并为哨兵赋一个比较大的值：

```
IntSetBins(maxelements, pmaxval)
    bins = maxelements
    maxval = pmaxval
    bin = new node*[bins]
    sentinel = new node(maxval, 0)
    for i = [0, bins)
        bin[i] = sentinel
    n = 0
```

insert 函数需要将整数 *t* 放入合适的箱中。直观的映射 *t*bins/maxval* 可能导致数值溢出（根据我个人的痛苦经验，还可能导致调试很麻烦），因此我们采用下述代码所示的更安全的映射：

```
void insert(t)
    i = t / (1 + maxval/bins)
    bin[i] = rinsert(bin[i], t)
```

这里的 *rinsert* 类似于前面用于链表的 *rinsert*。类似地，*report* 函数本质上也是把对应的链表代码按顺序应用到了每个箱上：

```
void report(v)
    j = 0
    for i = [0, bins)
        for (node *p = bin[i]; p!= sentinel; p = p->next)
            v[j++] = p->val
```

上一节的表说明箱很快。标记为“箱*”的一行描述了做出在初始化阶段为所有结点分配空间（如习题 5）的修改后箱的运行时间，修改后的结构大约只需要原先四分之一的空间和一半的时间。消除递归可以使运行时间进一步缩短 10%。

13.5　原理

本章介绍了 5 种表示集合的重要数据结构。若 *m* 相对 *n* 来说比较小，这些结构的平均性能如下表所示（*b* 表示每个元素的位数）。

集合表示	O(每个操作的时间)			总时间	空间
	初始化	*insert*	*report*		
有序数组	1	m	m	$O(m^2)$	m
有序链表	1	m	m	$O(m^2)$	$2m$
二叉树	1	$\log m$	m	$O(m \log m)$	$3m$
箱	m	1	m	$O(m)$	$3m$
位向量	n	1	n	$O(n)$	n/b

上表仅列出了几种简单的集合表示方法。答案 10 提到了其他一些可能的方法，15.1 节描述了用于搜索单词集合的数据结构。

尽管本章主要讨论用于表示集合的数据结构，但我们也学到了一些在许多编程任务中都有用的原理。

库的作用。C++标准模板库提供了一个实现起来很容易，并且维护和扩展也比较简单的通用解决方案。当遇到涉及数据结构的问题时，我们的第一反应应该是寻求解决问题的通用工具。但是在本章的例子中，专用的代码可以充分利用特定问题的性质，大大提高运行速度。

空间的重要性。在 13.2 节我们看到，调优得很好的链表虽然完成的工作只有数组的一半，但却需要两倍于数组的时间。为什么呢？因为数组中每个元素所占的内存只有链表的一半，而且数组是顺序访问内存的。在 13.3 节我们看到，使用定制的内存分配方案可以使空间降为原来的三分之一，时间降为原来的一半。当所需的内存超过 0.5 MB（我机器的二级缓存大小）并接近 80 MB（空闲内存大小）时，运行时间显著增加。

代码调优方法。最显著的改进就是用只分配一个较大内存块的方案来替换通用内存分配。这样就消除了很多开销较大的调用，而且也使空间的利用更加有效。将递归函数重写为迭代版本可以使链表的速度提升为原来的 3 倍，但只能使箱提速 10%。对大多数结构来说，引入哨兵可以获得清晰、简单的代码，并缩短运行时间。

13.6 习题

1. 答案 12.9 描述了生成有序随机整数集合的 Bob Floyd 算法。你能否用本章的几种 *IntSet* 实现该算法？这些结构在 Floyd 算法生成的非随机分布上性能如何？

2. 如何修改简单的 *IntSet* 接口使其更健壮？

3. 为集合类增加一个 *find* 函数，该函数用于判断给定的元素是否在集合中。你能否让该函数比 *insert* 更高效?

4. 为链表、箱和二分搜索树的递归插入函数重写相应的迭代版本，并度量运行时间的差别。

5. 9.1 节和答案 9.2 描述了 Chris Van Wyk 如何通过将可用结点保存在自己的结构中来避免多次调用存储分配器。说明如何将这一思想应用到链表、箱和二分搜索树实现的 *IntSet* 上。

6. 在各种 *IntSet* 实现上对下面的代码段计时，能够发现什么？

```
IntSetImp S(m, n);
for (int i = 0; i < m; i++)
    S.insert(i);
```

7. 我们的数组、链表和箱都使用了哨兵。说明如何将哨兵用于二分搜索树。

8. 说明如何通过同时在很多位上进行操作来加速位向量的初始化和输出操作。这种方法在操作 *char*、*short*、*int*、*long* 或某种其他类型时是不是最有效的?

9. 说明如何通过使用低开销的逻辑移位替代高开销的除法运算来对箱进行加速。

10. 在完成类似于生成随机数的任务时，可以使用其他哪些数据结构来表示整数集合?

11. 实现一个最快的完整函数来生成一个有序的随机整数数组，不允许重复。(可以使用前面介绍的任何接口来表示集合。)

13.7 深入阅读

11.6 节介绍了 Knuth 和 Sedgewick 编写的优秀算法教材。搜索是 Knuth 的 *The Art of Computer Programming*，*Volume 3*：*Sorting and Searching* 一书第 6 章（第二部分）的主题，也是 Sedgewick 的 *Algorithms* 一书第四部分的主题。

13.8 一个实际搜索问题（边栏）

本章给出的简单结构为我们研究工业级的数据结构提供了基础。而本节将研究 Doug McIlroy 于 1978 年写的 *spell* 程序中用于表示字典的著名结构。20 世纪 80 年代撰写本书初稿时，我使用 McIlroy 的程序对各章进行了拼写检查。对本书我再次使用了 *spell*，发现它仍然非常有用。有关该程序的详细内容见 McIlroy 发表于 *IEEE Transactions on Communications* 第 30 卷第 1 期的“Development of a spelling list”一文（1982 年 1 月，第 91 页～第 99 页）。我的字典将“珠玑”定义为“上等的、精致的”东西，他的程序是符合这一标准的。

McIlroy 面对的第一个问题是组成单词列表。他求出了完整版字典（为了权威性）和有百万单词的布朗大学英语语料库（为了时效性）的交集，这是一个合理的开端，但仍有许多工作需要完成。

McIlroy 组成单词列表的方法可以通过如何处理专有名词来说明，因为大多数字典都没有专有名词。首先是人名：大型电话号码簿中最常见的 1000 个姓、男孩和女孩的名字列表、著名的名字（如 Dijkstra 和 Nixon）以及 Bulfinch 神话中虚构的名字；发现了 Xerox 和 Texaco 这样的“拼写错误”后，他把财富 500 强中的公司名也考虑进来了；出版公司的名字在参考书目中出现得很多，所以也要包含进来。接着是地理名词：国家及其首都、州及其首府、美国和世界上最大的 100 个城市，此外还有海洋、行星和恒星。

他还添加了动植物的常用名，以及化学、解剖学中的术语，当然还有计算机术语。但同时他也注意尽量不增加太多：不考虑有效但生活中容易误拼的单词（如地质学术语 cwm），并且在有几种可选的拼写方法时只包含一个（因此只有 traveling 而没有 travelling）。

McIlroy 的窍门在于检查实际运行时 *spell* 的输出，有一段时间 *spell* 会自动将输出复制一份发送给他（那时候人们对隐私和性能之间权衡的观点与现在不同）。当发现问题时，他尽可能采用最具有一般性的解决方法。这样最终得到了 75 000 个精选单词的列表：它包含了我在文档中可能用到的大多数单词，至今仍能帮我查出拼写错误。

该程序使用词缀分析从单词中去除前后缀，这样做很有必要也非常方便。说它有必要是因为我们没有全部英语单词的列表，拼写检查器只有两种选择：要么猜测 *misrepresented* 之类的派生词，要么对许多有效的英语单词报错。说它方便是因为词缀分析能够缩小字典的规模。

词缀分析的目标是去掉 *mis-*、*re-*、*pre-*和*-ed*，把 *misrepresented* 缩短为 *sent*。（*represent* 并不表示“再次出现”，*present* 的含义也不是“事先发送”，*spell* 利用这样的巧合来缩小字典的规模。）程序的表中包含 40 条前缀法则和 30 条后缀法则，并使用一个具有 1300 项例外的“终止列表”来终止符合词缀法则但并不正确的猜测，例如，把 *entend*（*intend* 的误拼）理解为 *en-* + *tend*。这一分析把 75 000 单词的列表进一步压缩为 30 000 单词。McIlroy 的程序对每个单词执行循环，不断地去除词缀直至找到匹配或者虽没有找到匹配但已无词缀（此时报错）。

粗略的分析表明，将字典放在内存中是很重要的。McIlroy 最初是在只有 64 KB 地址空间的 PDP-11 上编写该程序的，对他来说把字典放在内存中尤其困难。他在文章摘要中总结了自己的空间压缩策略：“去除前后缀使得列表的大小不到原先的三分之一，散列法又去掉了剩下的 60%，接下来的数据压缩再次节省了一半的空间。”从而可以用 26 000 个 16 位的计算机字就能表示 75 000 个英语单词（以及数量跟这差不多的单词变形）。

McIlroy 通过散列来表示 30 000 个英语单词，每个单词用 27 位表示（马上我们会看到为什么选 27）。下面以一个小型单词列表为例说明其方案：

a list of five words

第一种散列法用到了一个几乎和单词列表一样大的 n 元散列表以及一个把字符串映射为[0, n]范围内的整数的散列函数（15.1 节将看到这样一个用于字符串的散列函数）。表的第 i 项指向一个链表，该链表包含所有散列到 i 的字符串。如果用空白单元表示空列表，且散列函数满足 h(a) = 2，h(list) = 1，等等，那么相应的 5 元散列表如下所示：

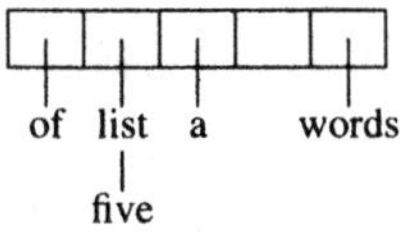

为了查找单词 w，我们对第 $h(w)$个单元指向的链表进行顺序搜索。

第二种方案使用的表要大得多。选择 n=23 使得大多数散列单元可能只包含一个元素。在本例中，h(a) = 13 且 h(list) = 5。

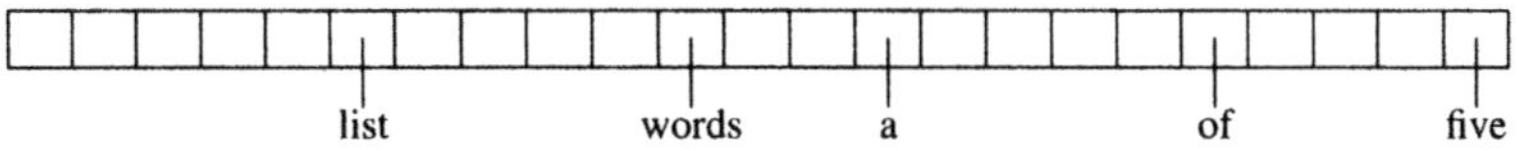

spell 程序中取 $n = 2^{27}$（约 1.34 亿），几乎所有的非空链表都仅包含一个元素。

下一步非常大胆：McIlroy 在每个表项中仅存放一个位，而不是存放单词链表。这就大大节省了空间，但也容易出错。下图使用和前面一样的散列函数，并用空白单元表示为零的位。

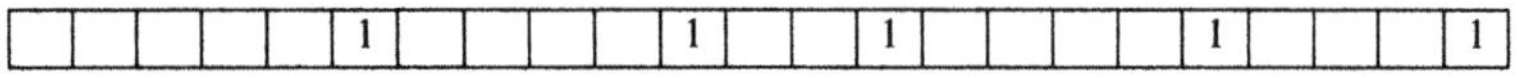

为了查找单词 w，程序访问表中的第 $h(w)$位。如果该位为 0，那么程序就正确地报告说单词 w 不在表中；如果该位为 1，程序就认为 w 在表中。有时候，不正确的单词会碰巧散列到有效位，但是出现这种错误的概率只有 30 000/2^{27}（约 1/4 000）。因此，平均每 4000 个不正确的单词中只有一个会被认为有效。McIlroy 经过观察发现，常见的草稿所包含的错误很少超过 20 个，所以程序每运行 100 次最多只出现 1 次这种错误——这就是他选择 27 的原因。

使用 $n = 2^{27}$ 位的字符串表示散列表将消耗超过 16 MB 的空间，因此，程序仅表示值为 1 的位。在上面的例子中，程序存储下列散列值：

5　10　13　18　22

如果 $h(w)$存在，那么我们认为单词 w 在表中。表示这些值一般需要 30 000 个 27 位的计算机字，但是 McIlroy 机器的地址空间中仅有 32 000 个 16 位的字。因此他对列表排序，并使用可变长码来表示连续散列值之间的差值。假设从值 0 开始，上面的列表可压缩为：

5　5　3　5　4

McIlroy 的 *spell* 程序平均使用 13.6 位来表示每个差值，这样就节省下了几百个额外的字来指向压缩列表中有用的起始位置，从而加快顺序搜索。这样我们就得到一个 64 KB 的字典，该字典不仅支持快速访问，而且很少出错。

前面我们考虑了 *spell* 两个方面的性能：它输出有用的结果，并能适用于只有 64 KB 地址空间的情况。此外，该程序的速度也非常快。即便在最初编写该程序的老机器上，它也能在半分钟完成对 10 页文档的拼写检查，检查与本书容量差不多的一本书也只需要约 10 分钟（当时看来是非常快的）。因为该字典很小，能够从磁盘上很快地读入，所以单个单词的拼写检查只需要几秒。

第14章

堆

本章主要介绍“堆”，我们将使用这一数据结构解决下面两个重要问题。

- 排序。采用堆排序算法对 n 元数组排序，所花的时间不会超过 $O(n \log n)$，而且只需要几个字的额外空间。
- 优先级队列。堆通过插入新元素和提取最小元素这两种操作来维护元素集合，每个操作所需的时间都为 $O(\log n)$。

对于这两个问题，用堆来处理都易于编码且计算效率很高。

本章采用自底向上的组织结构：从细节开始，逐步过渡到我们的正题。下面两节描述了堆数据结构和对其进行操作的两个函数，随后的两节使用这些工具解决上面提到的问题。

14.1 数据结构

堆是用来表示元素集合的一种数据结构[①]。我们给的示例中堆用于表示数值，但实际上堆中的元素可以是任何有序类型。下面是由 12 个整数构成的堆：

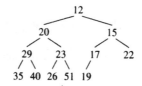

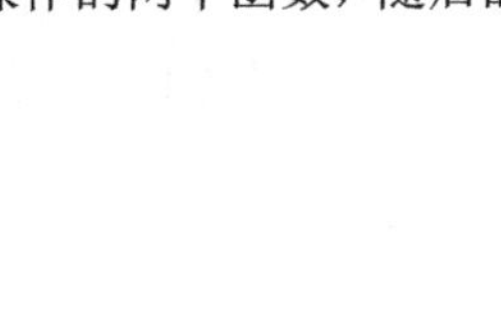

这棵二叉树是一个堆，这是由它的如下两个性质决定的。第一个性质是顺序：任

① 在其他一些场合中，“堆”是指能够分配可变大小的结点的一段较大的内存。本章不考虑这层意义。

何结点的值都小于或等于其子结点的值。这意味着集合的最小元素位于根结点（本例中为 12），但是它没有说明左右子结点的相对顺序。第二个性质是形状，如下图所示。

用文字可以表述为：具有这种形状性质的二叉树，最多在两层上具有叶结点，其中最底层的叶结点尽可能地靠左分布。树中不存在空闲的位置，如果它有 n 个结点，那么所有结点到根结点的距离都不超过 $\log_2 n$。马上我们就能看到，这两个性质具有足够的限制性，使得我们能够找到集合中的最小元素；但也具有足够的灵活性，使得我们在插入或删除一个元素之后能够有效地重新组织结构。

下面我们考虑堆的实现。最常见的二叉树表示方法需要使用记录和指针。我们的实现仅适合于具有形状性质的二叉树，但对于这种特殊情况非常有效。具有形状性质的 12 元二叉树可以用一个 12 元的数组 x[1..12]表示如下：

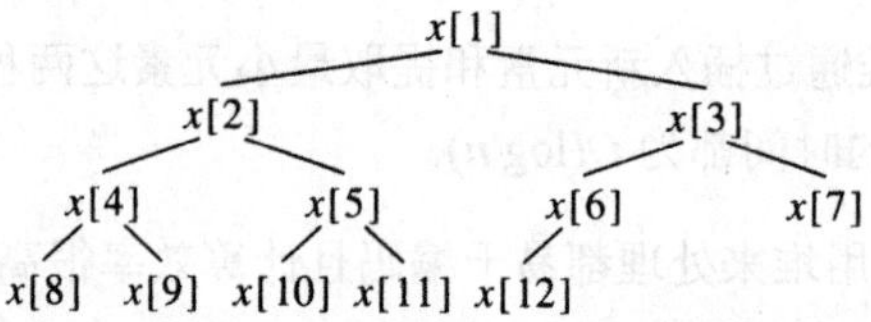

注意，堆使用的是从下标 1 开始的数组，C 语言中最简单的方法就是声明 $x[n+1]$ 并浪费元素 $x[0]$。在这个隐式的二叉树表示中，根结点位于 $x[1]$，它的两个子结点分别位于 $x[2]$和 $x[3]$，依次类推。树中常见的函数定义如下：

```
root = 1
value(i) = x[i]
leftchild(i) = 2*i
rightchild(i) = 2*i+1
parent(i) = i / 2
null(i) = (i < 1) or (i > n)
```

n 元的隐式树一定具有形状性质：它不会考虑元素缺失的情况。

下图给出了一个 12 元的堆以及用 12 元数组表示的隐式树实现。

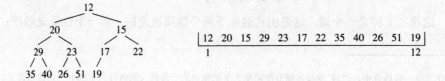

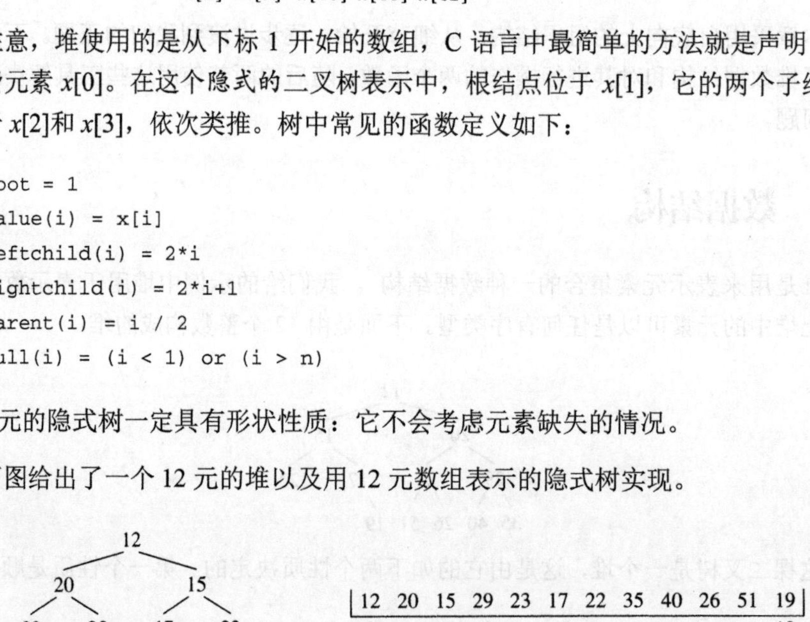

由于形状性质是通过表示方法来保证的，从现在开始，我们约定“堆”这个词意味着任何结点的值都大于或等于其父结点的值。更精确地说，如果

$$\forall_{2\leqslant i\leqslant n} x[i/2]\leqslant x[i]$$

那么数组 $x[1..n]$就具有堆性质。回忆一下，整数除法操作“/”会向下取整，所以 4/2 和 5/2 都是 2。下一节将讨论具有堆性质的子数组 $x[l..u]$（它具有形状性质的一种变体性质），我们可以从数学上把 $heap(l, u)$定义为：

$$\forall_{2l\leqslant i\leqslant u} x[i/2]\leqslant x[i]$$

14.2　两个关键函数

本节研究两个函数，这两个函数用于在数组某一端不再具备堆性质时进行调整。两个函数都很有效率：重新组织一个 n 元的堆大约需要 log n 步。考虑到本章的自底向上风格，我们在这里先给出函数定义，下一节再使用它们。

当 $x[1..n-1]$是堆时，在 $x[n]$中放置一个任意的元素可能无法产生 $heap(1, n)$。我们使用 *siftup* 函数来重新获得堆性质。该函数的名字就表明了其策略：它尽可能地将新元素向上筛选，向上筛选是通过交换该结点与其父结点来实现的。（本节使用常见的堆定义来规定哪个方向是向上筛选的方向：堆的根为 $x[1]$，位于树的顶部，因此 $x[n]$位于数组的底部。）下图（从左到右）演示了新元素 13 在堆中向上筛选，直到到达合适的位置并成为根的右子结点的过程。

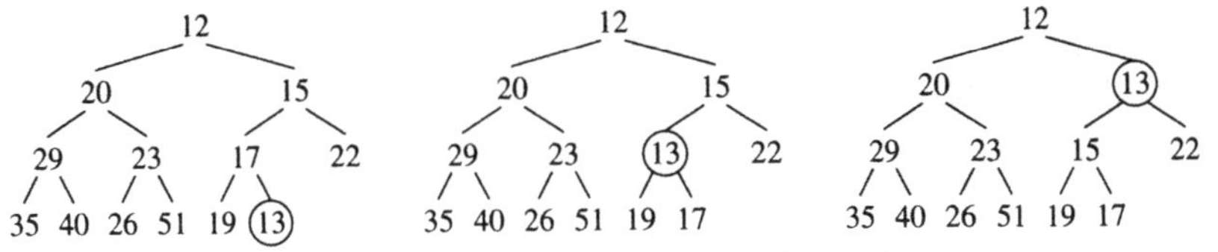

该过程一直持续到带圈的结点大于等于其父结点（本例所示）或位于树根。如果过程开始时 $heap(1, n-1)$为真，那么 $heap(1, n)$为真。

有了这一直观的背景，我们就可以编写代码了。由于筛选过程需要一个循环，所以我们从循环不变式开始。在上图中，除了带圈结点和其父结点之间的部分外，树的所有其他地方都具有堆性质。如果 i 是带圈结点的下标，那么就可以使用不变式：

```
loop
    /* invariant: heap(1, n) except perhaps
           between i and its parent */
```

由于开始时 *heap*(1, *n*−1)为真，因此可以通过赋值语句 $i = n$ 初始化循环。

循环中必须检查有没有完成任务（带圈的结点要么位于堆的顶部，要么大于或等于它的父结点），若没有则继续。不变式表明，除了结点 *i* 和其父结点之间的部分可能不具有堆性质外，其他地方都具有堆性质。如果 $i == 1$ 为真，那么结点 *i* 没有父结点，从而所有地方都具有堆性质，因此可以终止循环。当结点 *i* 有父结点时，可以通过赋值语句 $p == i/2$ 使 *p* 成为父结点的下标。如果 $x[p] \leqslant x[i]$，那么所有地方都具有堆性质，循环可以终止。

另一方面，如果结点 *i* 和其父结点之间的顺序不对，那么我们交换 $x[i]$和 $x[p]$。这一步骤如下图所示，其中的关键字是单个字母，结点 *i* 带有圈。

交换之前：*a* 和 *b* 顺序不对

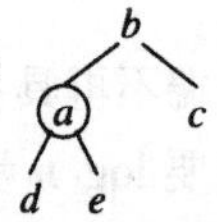

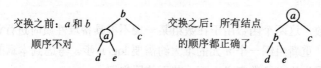

交换之后：所有结点的顺序都正确了

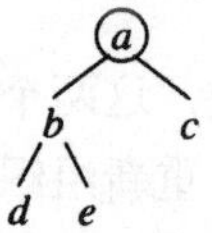

交换之后，所有 5 个元素的顺序都是正确的：因为 *b* 原先在堆中就位于较高层① 所以 $b<d$ 且 $b<e$；因为测试条件 $x[p] \leqslant x[i]$不满足，所以 $a<b$；结合 $a<b$ 和 $b<c$ 可以得到 $a<c$。这就确保了除了结点 *p* 和其父结点之间的部分外，其他地方都具有堆性质，因此我们通过赋值语句 $i = p$ 重新获得不变式。

这个过程给出在下面的 *siftup* 代码中，它的运行时间和 log *n* 成正比，因为堆具有 log *n* 层。

```
void siftup(n)
        pre  n > 0 && heap(1, n-1)
        post  heap(1, n)
    i = n
    loop
        /* invariant: heap(1, n) except perhaps
                between i and its parent */
        if i == 1
            break
        p = i / 2
        if x[p] <= x[i]
            break
```

① 循环不变式中没有说明这个重要的性质。Don Knuth 发现，为了更加精确，应该将不变式加强为“如果 *i* 没有父结点，那么 *heap*(1, *n*)为真；否则，如果 *x*[*i*]被 *x*[*p*]替换（其中 *p* 是 *i* 的父结点），那么 *heap*(1, *n*)也为真”。稍后的 *siftdown* 循环也有类似的结论。

```
    swap(p, i)
    i = p
```

跟第 4 章一样，“pre”和“post”开头的两行特征化该函数：如果在函数调用之前前置条件为真，那么在函数返回之后后置条件也为真。

下面考虑 *siftdown*，当 *x*[1..*n*]是一个堆时，给 *x*[1]分配一个新值得到 *heap*(2, *n*)，然后用函数 *siftdown* 使得 *heap*(1, *n*)为真。该函数将 x[1]向下筛选，直到它没有子结点或小于等于它的子结点。下图给出了 18 在堆中向下筛选直到最后小于它的单个子结点 19 的过程。

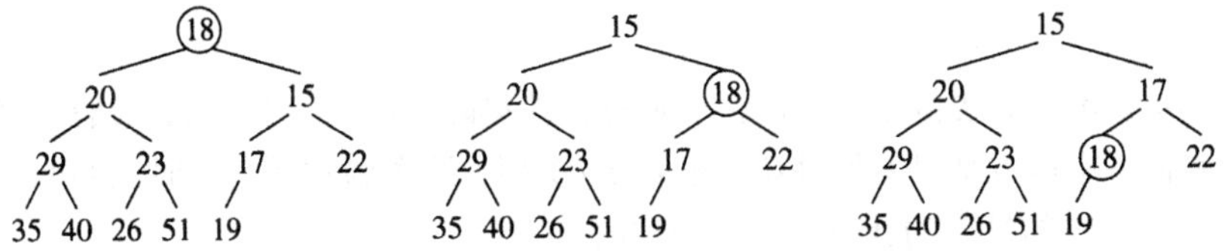

元素向上筛选时，总是向根移动。向下筛选比较复杂：将顺序不对的元素和比它小的子结点交换。

上图显示了 *siftdown* 循环的不变式：除了带圈结点和它的子结点之间的部分外，其他部分都具有堆性质。

```
loop
    /* invariant: heap(1, n) except perhaps between
            i and its (0, 1 or 2) children */
```

这个循环和 *siftup* 的循环非常相似。首先检查结点 *i* 是否具有子结点，如果没有子结点就终止循环。下面就涉及比较复杂的部分了：如果结点 *i* 具有子结点，那么把变量 *c* 设置为较小的那个子结点的下标。最后，或者满足 *x*[*i*]≤*x*[*c*]终止循环，或者通过交换 *x*[*i*]和 *x*[*c*]并赋值 *i* = *c* 继续进行到循环底部。

```
void siftdown(n)
        pre  heap(2, n) && n >= 0
        post heap(1, n)
    i = 1
    loop
        /* invariant: heap(1, n) except perhaps between
                i and its (0, 1 or 2) children */
        c = 2*i
```

```
        if c > n
            break
        /* c is the left child of i */
        if c+1 <= n
            /* c+1 is the right child of i */
            if x[c+1] < x[c]
                c++
        /* c is the lesser child of i */
        if x[i] <= x[c]
            break
        swap(c, i)
        i = c
```

与 *siftup* 类似的实例分析表明，交换操作使得除了结点 *c* 和它的子结点之间的部分外，其他所有地方都具有堆性质。跟 *siftup* 类似，这个函数所需的时间和 log *n* 成正比，因为它在堆的每层的计算量都是固定的。

14.3 优先级队列

每个数据结构都可以从两方面看。从外部来看，它的规范说明了它做什么——队列通过 *insert* 和 *extract* 操作来维护元素序列。从内部来看，它的实现说明了它如何做——队列可以使用数组或链表来实现。本节首先说明优先级队列的抽象性质，再考虑其实现。

优先级队列操作一个初始为空[①]的元素集合，称为 *S*。*insert* 函数在集合中插入一个新元素，可以在前置条件和后置条件中更精确地定义如下：

```
void insert(t)
        pre   |S| < maxsize
        post  current S = original S ∪ {t}
```

函数 *extractmin* 删除集合中最小的元素，并通过单个参数 *t* 返回该值。

```
int extractmin()
        pre   |S| > 0
        post  original S = current S ∪ {result}
```

① 由于可包含同一元素的多个副本，“多集”或“包”的叫法可能更精确。并运算符定义为{2, 3} ∪ {2}={2, 2, 3}。

```
            && result = min(original S)
```

当然，可以修改这个函数以产生最大元素，或总排序下的任何极值。

可以使用模板（指定队列中元素的类型为 *T*）定义一个 C++类来完成这一任务：

```
template<class T>
class priqueue {
public:
    priqueue(int maxsize);    // init set S to empty
    void insert(T t);         // add t to S
    T extractmin();           // return smallest in S
};
```

优先级队列在许多应用中都非常有用。操作系统可以使用这样一种结构来表示一组任务，按任意顺序插入它们，然后进行提取：

```
priqueue<Task> queue;
```

在模拟离散事件时，可以把事件的时间作为元素。模拟循环提取下一个事件，并且可能在队列中添加更多的事件：

```
priqueue<Event> eventqueue;
```

这两个应用都需要使用集合元素之外的信息来扩展基本的优先级队列。在下面的讨论中将忽略“实现细节”，但是 C++类通常能很好地处理。

显然，我们可以使用数组或链表之类的顺序结构来实现优先级队列。如果序列是有序的，那么提取最小元素非常简单，但插入新元素比较困难；在无序的结构中情况则相反。下表比较了 *n* 元集合上几种结构的性能。

数据结构	运行时间		
	一次 *insert*	一次 *extractmin*	两种操作各 *n* 次
有序序列	$O(n)$	$O(1)$	$O(n^2)$
堆	$O(\log n)$	$O(\log n)$	$O(n \log n)$
无序序列	$O(1)$	$O(n)$	$O(n^2)$

尽管二分搜索能够在 $O(\log n)$时间内找到新元素的位置，但是移动已有的元素给新元素腾空间却需要 $O(n)$步。如果你忘记了 $O(n^2)$算法和 $O(n \log n)$算法之间的区别，请回顾一下 8.5 节：当 *n* 为 100 万时，这两种算法的程序运行时间分别为 3 小时和 1 秒。

优先级队列的堆实现提供了两种顺序结构之间的折中方案。它使用具有堆性质的数组 $x[1..n]$表示 n 元集合，其中 x 在 C 或 C++中声明为 $x[maxsize+1]$（我们不使用 $x[0]$）。可以通过赋值 $n = 0$ 将集合初始化为空。插入新元素时将 n 加 1，然后将新元素放置在 $x[n]$处。这样我们就具备了调用 *siftup* 的前提：*heap*(1, *n*−1)。因此，插入操作的代码如下所示：

```
void insert(t)
    if n >= maxsize
        /* report error */
    n++
    x[n] = t
    /* heap(1, n-1) */
    siftup(n)
    /* heap(1, n) */
```

函数 *extractmin* 查找并删除集合中的最小元素，然后重新组织数组使其具有堆性质。由于该数组是一个堆，所以最小元素位于 $x[1]$，集合中剩下的 $n-1$ 个元素位于 $x[2..n]$中。新数组也具有堆性质，通过两步可重新得到 *heap*(1, *n*)。第一步，将 $x[n]$移动到 $x[1]$，并将 n 减 1，这样集合中的元素就都在 $x[1..n]$中了，并且 *heap*(2, *n*)为真；第二步，调用 *siftdown*。代码非常简单：

```
int extractmin()
    if n < 1
        /* report error */
    t = x[1]
    x[1] = x[n--]
    /* heap(2, n) */
    siftdown(n)
    /* heap(1, n) */
    return t
```

当将 *insert* 和 *extractmin* 应用到包含 n 个元素的堆时，都需要 $O(\log n)$的时间。

下面是优先级队列的完整 C++实现：

```
template<class T>
class priqueue {
private:
    int n, maxsize;
    T *x;
```

```
    void swap(int i, int j)
    {   T t = x[i]; x[i] = x[j]; x[j] = t; }
public:
    priqueue(int m)
    {   maxsize = m;
        x = new T[maxsize+1];
        n = 0;
    }
    void insert(T t)
    {   int i, p;
        x[++n] = t;
        for (i = n; i > 1 && x[p=i/2] > x[i]; i = p)
            swap(p, i);
    }
    T extractmin()
    {   int i, c;
        T t = x[1];
        x[1] = x[n--];
        for (i = 1; (c = 2*i) <= n; i = c) {
            if (c+1 <= n && x[c+1] < x[c])
                c++;
            if (x[i] <= x[c])
                break;
            swap(c, i);
        }
        return t;
    }
};
```

这个简单的接口程序没有提供错误检查机制和析构函数，但是却简洁地表达了算法的本质内容。相比于伪代码的冗长风格而言，上述精炼的代码走的是另一个极端。

14.4　一种排序算法

优先级队列提供了一种简单的向量排序算法：首先在优先级队列中依次插入每个元素，然后按序删除它们。在 C++中使用 *priqueue* 类进行编码非常简单：

```
template<class T>
void pqsort(T v[], int n)
{   priqueue<T> pq(n);
```

```
    int i;
    for (i = 0; i < n; i++)
        pq.insert(v[i]);
    for (i = 0; i < n; i++)
        v[i] = pq.extractmin();
}
```

n 次 *insert* 和 *extractmin* 操作在最坏情况下的开销是 $O(n \log n)$，优于第 11 章中快速排序的最坏情况开销 $O(n^2)$。不幸的是，堆使用的数组 $x[0..n]$需要 $n+1$ 个字的额外内存。

现在来看看堆排序，它改进了上面的方法。堆排序算法的代码更少；由于不需要辅助数组，因此使用的空间更少；此外，需要的时间也更少。根据该算法的目的，假设我们已经修改了 *siftup* 和 *siftdown*，使它们能够操作最大元素在顶部的堆（通过交换“<”和“>”符号很容易就能实现这一点）。

以前的简单算法使用两个数组，一个用于优先级队列，另一个用于待排序的元素。堆排序仅使用一个数组，因而节省了空间。单个数组 x 同时表示两种抽象结构：左边是堆，右边是元素序列。元素的初始顺序是随意的，最终则是有序的。下图给出了数组 x 的演变过程：数组是水平绘制的，垂直方向表示时间。

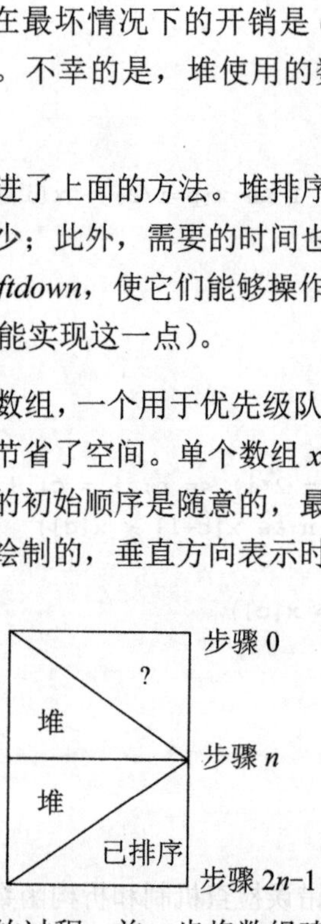

堆排序算法是一个两阶段的过程：前 n 步将数组建立到堆中，后 n 步按降序提取元素并从右到左建立最终的有序序列。

第一阶段建立堆，其不变式如下所示：

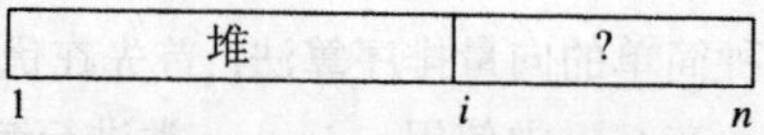

下面这段代码通过将元素在数组中向上筛选来建立 *heap*(1, *n*)：

```
for i = [2, n]
    /* invariant: heap(1, i-1) */
```

```
    siftup(i)
    /* heap(1, i) */
```

第二阶段使用堆来建立有序序列，其不变式如下所示：

堆，≤	已排序，≥

1　　　　　　　　i　　　　　n

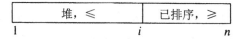

两个操作的循环体都始终保持不变式为真。由于 $x[1]$是前 i 个元素中最大的，将它和 $x[i]$交换就使有序序列多了一个元素。这一交换影响到了堆性质，我们可以通过把新的顶部元素向下筛选来重新获得堆性质。第二阶段的代码如下所示：

```
for (i = n; i >= 2; i--)
    /* heap(1, i)   && sorted(i+1, n) && x[1..i] <= x[i+1..n] */
    swap(1, i)
    /* heap(2, i-1) && sorted(i, n)   && x[1..i-1] <= x[i..n] */
    siftdown(i-1)
    /* heap(1, i-1) && sorted(i, n)   && x[1..i-1] <= x[i..n] */
```

有了前面建立的函数，完整的堆排序算法仅需要 5 行代码：

```
for i = [2, n]
    siftup(i)
for (i = n; i >= 2; i--)
    swap(1, i)
    siftdown(i-1)
```

由于该算法使用了 $n-1$ 次 *siftup* 和 $n-1$ 次 *siftdown* 操作，而每次操作的开销最多为 $O(\log n)$，因此即使在最坏情况下，该算法的运行时间也是 $O(n \log n)$。

答案 2 和答案 3 描述了几种用来加速（同时也简化）堆排序算法的方法。虽然堆排序保证了最坏情况下的 $O(n \log n)$性能，但对于常见的输入数据，最快的堆排序通常也比 11.2 节的简单快速排序慢。

14.5 原理

高效性。形状性质保证了堆中所有结点和根结点之间相差的层数在 $\log_2 n$ 之内。由于树是平衡的，所以函数 *siftup* 和 *siftdown* 的运行效率很高。堆排序通过在同一个实现数组中包含两种抽象结构（堆和元素序列）来避免使用额外的空间。

正确性。为循环编写代码之前首先要精确地说出它的不变式，循环体执行过程中始终保持不变式为真。*形状*和*顺序*性质是另一种不变式：它们是堆数据结构的不变性质。操作堆的函数可以假设其开始运行时上述性质为真，并且必须确保运行结束时这些性质仍为真。

抽象性。好的工程师能够分清某个组件*做什么*（用户看到的抽象功能）和*如何做*（黑盒实现）之间的差别。本章将黑盒按两种不同的方式打包：过程抽象和抽象数据类型。

过程抽象。你可以在不知道排序函数实现细节的情况下用它来排序数组，即将排序视为单个操作。函数 *siftup* 和 *siftdown* 提供了类似级别的抽象：在建立优先级队列和堆排序算法时，我们并不关心函数是*如何*工作的，但是我们知道它们做了什么工作（用于在数组某一端不再具备堆性质时进行调整）。良好的工程设计使得我们可以只对这些黑盒组件定义一次，然后使用它们组成两种不同类型的工具。

抽象数据类型。数据类型做什么是由它的方法和方法的规范给出的，而*如何做*则是由具体实现决定的。我们可以仅仅使用本章的 C++类 *priqueue* 或上一章的 C++类 *IntSet* 的规范来推断它们的正确性，当然它们的具体实现肯定会对程序的性能有影响。

14.6　习题

1. 实现基于堆的优先级队列，尽可能地提高运行速度。*n* 取何值时比顺序结构快？

2. 修改 *siftdown* 使之满足下列规范。

```
void siftdown(l, u)
        pre  heap(l+1, u)
        post heap(l, u)
```

代码的运行时间是多少？说明如何用它来在 $O(n)$时间内构造一个 *n* 元堆，从而得到一个代码量更少且更快速的堆排序算法。

3. 实现一个尽可能快的堆排序程序。你的程序与 11.3 节表格给出的排序算法相比性能如何？

4. 如何使用优先级队列的堆实现解决下列问题？当输入有序时，你的答案有什么变化？

a. 构建赫夫曼码（绝大多数关于信息理论的书和许多关于数据结构的书都会讨论

这种编码)。

b．计算大型浮点数集合的和。

c．在存有 10 亿个数的文件中找出最大的 100 万个数。

d．将多个较小的有序文件归并为一个较大的有序文件（在实现 1.3 节那样的基于磁盘的归并排序程序时会出现这种问题)。

5．装箱问题需要将 n 个权值（每个都介于 0 和 1 之间）分配给最少数目的单位容量箱。解决这一问题的“首次适应”启发式方法按序考虑权值，将每个权值放到第一个合适的箱中（按升序扫描箱)。David Johnson 在他的 MIT 论文中指出，一种类似于堆的结构能够在 $O(n \log n)$时间内实现该启发式方法。说明如何实现。

6．磁盘上顺序文件的常见实现让每个块都指向它的后继块，后继块可以是磁盘上的任意一个块。该方法要求写入一个块（因为文件已经写在硬盘上了)、读取文件的第一个块以及读完文件的第 i-1 个块后再读第 i 个块所需的时间都是同一个常数，从而从头开始读第 i 个块所需的时间跟 i 成正比。Ed McCreight 在施乐帕洛阿尔托研究中心设计磁盘控制器时发现，只要为每个结点增加一个额外的指针，就能获得其他所有的性质，但却使读取第 i 个块的时间正比于 $\log i$。如何实现这一点？解释一下这里读取第 i 个块的算法与习题 4.9 中在正比于 $\log i$ 的时间内计算 i 次幂的代码有什么共同点。

7．在一些计算机上，除以 2 以求出当前范围的中点是二分搜索程序中开销最大的部分。假设我们已经正确构建了待搜索的数组，说明如何使用乘以 2 的操作来替代除法。给出建立并搜索这样一个数组的算法。

8．有哪些方法可以较好地实现表示[0, k)范围内整数的优先级队列（队列的平均规模远远大于 k)？

9．证明在优先级队列的堆实现中，*insert* 和 *extractmin* 的对数运行时间都在一个最佳常数因子范围内。

10．体育爱好者都很熟悉堆的基本观点。假设在半决赛中，Brian 击败了 Al， Lynn 击败了 Peter,并且在决赛中 Lynn 战胜了 Brian，这些结果通常可绘制为：

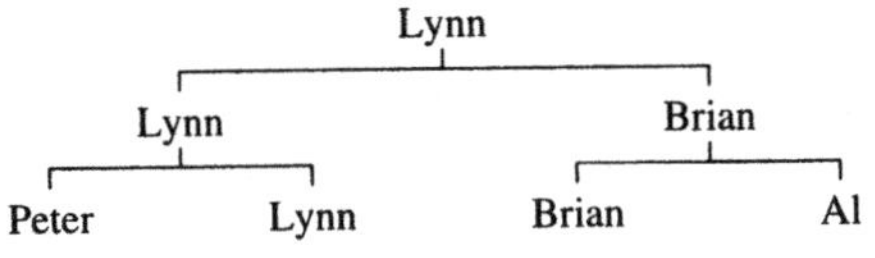

这样的“锦标赛树”在网球锦标赛和足球、棒球、篮球的季后赛中很常见。假设比赛的结果是一致的（在体育运动中这种假设通常是无效的）[①]，那么 2 号种子进入决赛的概率有多大？请根据运动员的赛前排名来安排比赛的场次。

11．在 C++标准模板库中如何实现堆、优先级队列和堆排序？

14.7 深入阅读

11.6 节介绍了 Knuth 和 Sedgewick 编写的优秀算法教材。Knuth 的 *The Art of Computer Programming，Volume 3：Sorting and Searching* 一书的 5.2.3 节描述了堆和堆排序，Sedgewick 的 *Algorithms* 一书的第 9 章描述了优先级队列和堆排序。

① 也就是说，假设 1 号种子必胜 2 号种子，2 号种子必胜 3 号种子，依次类推。——译者注

第 15 章

字符串

我们生活在一个字符串的世界里。位字符串构成了整数和浮点数，数字字符串构成了电话号码，字母字符串构成了单词，长字符串可以形成网页，更长的字符串则形成书。在遗传学家的数据库和本书众多读者的细胞内，存在着由字母 A、C、G 和 T 表示的极长的字符串。

可以用程序对这些字符串执行各种各样的操作，例如排序、统计、搜索以及分析它们以区分不同的模式等。本章通过一些有关字符串的经典问题来讨论这些操作。

15.1 单词

我们的第一个问题是为文档中包含的单词生成一个列表。（以几百本书作为这样一个程序的输入，我们就能得到字典中单词列表的雏形。）但是，什么才是单词呢？我们采用了如下的简单定义：单词是包含在空白中的字符序列，但是这样一来，网页上将包含很多像“<html>”“<body>”“ ”这样的“单词”。习题 1 讨论如何避免这样的问题。

我们的第一个 C++程序用到了 C++标准模板库中的 *sets* 和 *strings*，由答案 1.1 中的程序稍做修改而得：

```
int main(void)
{   set <string> S;
    set <string>::iterator j;
    string t;
    while (cin >> t)
        S.insert(t);
    for (j = S.begin(); j != S.end(); ++j)
        cout << *j << "\n";
```

```
    return 0;
}
```

while 循环读取输入并将每个单词插入集合 *S*（根据标准模板库规范，忽略重复的单词），然后 *for* 循环迭代整个集合，并按排好的顺序输出单词。该程序编写得非常优雅，也相当高效（马上将详细讨论这一点）。

接下来的问题是对文档中每个单词的出现次数进行统计。下面给出了詹姆斯一世钦定版《圣经》中出现频率最高的 21 个单词，按数值递减的次序排列，并对齐为 3 列显示以节省空间：

```
the  62053       shall 9756       they   6890
and  38546       he    9506       be  6672
of   34375       unto  8929       is  6595
to   13352       I     8699       with   5949
And  12734       his   8352       not 5840
that 12428       a     7940       all 5238
in   12154       for   7139       thou   4629
```

该书的 789 616 个单词中大概有 8%是单词“the”（而在我们这个句子中，比例为 16%）[①]。根据我们的单词定义，“and”和“And”需要分别计数。

上述统计是通过下面的 C++程序实现的，该程序使用标准模板库中的 *map* 将整数计数与每个字符串联系起来：

```
int main(void)
{   map <string,int> M;
    map <string,int>::iterator j;
    string t;
    while (cin >> t)
        M[t]++;
    for (j = M.begin(); j != M.end(); ++j)
        cout << j->first << " " << j->second << "\n";
    return 0;
}
```

① 原文为“Almost eight percent of the 789 616 words in the text were the word “the” (as opposed to 16 percent of the words in this sentence)”，其中共 25 个单词，不算带引号的“the”，普通的 the 出现 4 次。——译者注

while 语句将每个单词 *t* 插入映射 *M*，并对相关的计数器（初始化为 0）增 1。*for* 语句按排好的顺序遍历单词，并打印出每个单词（*first*）及其计数（*second*）。

这段 C++代码直白、简洁而且运行起来出奇地快。在我的机器上，它处理《圣经》只需要 7.6 秒，其中读取操作约需要 2.4 秒，插入操作约需要 4.9 秒，输出操作约需要 0.3 秒。

为了减少处理时间，我们可以建立自己的散列表，散列表中的结点包含指向单词的指针、单词出现频率以及指向表中下一个结点的指针。下面给出了插入“in”“the”和“in”之后的散列表，两个字符串罕见地都散列到了 1：

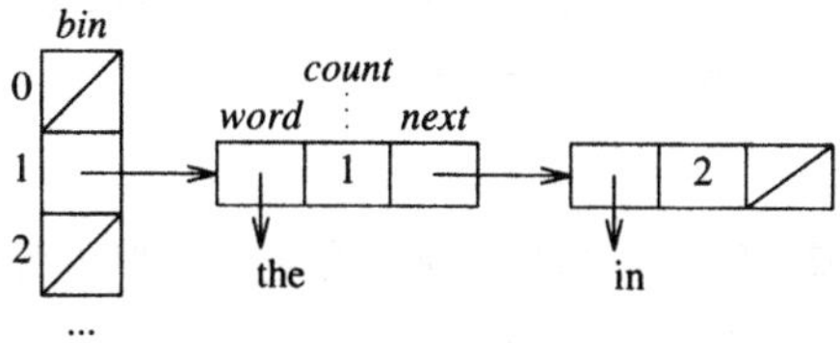

我们用如下的 C 结构实现散列表：

```
typedef struct node *nodeptr;
typedef struct node {
    char *word;
    int count;
    nodeptr next;
} node;
```

即便在我们的宽松“单词”定义下，《圣经》中也只有 29 131 个不同的单词。我们采用传统的办法，用跟 29 131 最接近的质数作为散列表的大小，并将乘数定义为 31：

```
#define NHASH 29989
#define MULT 31
nodeptr bin[NHASH];
```

散列函数把每个字符串映射为一个小于 *NHASH* 的正整数：

```
unsigned int hash(char *p)
    unsigned int h = 0
    for ( ; *p; p++)
        h = MULT * h + *p
    return h % NHASH
```

其中使用无符号整数以确保 *h* 为正。

下面的 *main* 函数首先把每个箱都初始化为 *NULL*，接着读取单词并增加计数值，然后迭代散列表输出（未排序的）单词和计数值：

```
int main(void)
    for i = [0, NHASH)
        bin[i] = NULL
    while scanf("%s", buf) != EOF
        incword(buf)
    for i = [0, NHASH)
        for (p = bin[i]; p != NULL; p = p->next)
            print p->word, p->count
    return 0
```

主要工作由 *incword* 完成，它负责增加与输入单词相关联的计数器的值（如果以前没有这个单词，就对计数器进行初始化）：

```
void incword(char *s)
    h = hash(s)
    for (p = bin[h]; p != NULL; p = p->next)
        if strcmp(s, p->word) == 0
            (p->count)++
            return
    p = malloc(sizeof(hashnode))
    p->count = 1
    p->word = malloc(strlen(s)+1)
    strcpy(p->word, s)
    p->next = bin[h]
    bin[h] = p
```

incword 函数中的 *for* 循环查看具有相同散列值的每个结点。如果发现了该单词，就将其计数值增加 1 并返回；否则，函数创建一个新结点，为其分配空间并复制字符串（有经验的 C 程序员会使用 *strdup* 来完成该任务），然后将新结点插入到链表的最前面。

这个 C 程序读取操作约需要 2.4 秒（跟 C++版本一样），但是插入操作只需要 0.5 秒（C++版本需要 4.9 秒），输出操作只需要 0.06 秒（C++版本需要 0.3 秒）。因此总的运行时间是 3.0 秒（以前是 7.6 秒），其中处理时间是 0.56 秒（以前要 5.2

秒)。我们(用 30 行的 C 代码)定制的散列表比 C++标准模板库中的映射快一个数量级。

前面我们通过实例介绍了表示单词集合的两种主要方法。平衡搜索树将字符串看作不可分割的对象进行操作,标准模板库的 *set* 和 *map* 中大部分实现都使用这种结构。平衡搜索树中的元素始终处于有序状态,从而很容易执行寻找前驱结点或者按顺序输出元素之类的操作。另一方面,散列则需要深入字符串的内部,计算散列函数并将关键字分散到一个较大的表中。散列方法的平均速度很快,但缺乏平衡树提供的最坏情况性能保证,也不能支持其他涉及顺序的操作。

15.2　短语

单词是文档的基本组成部分,许多重要的问题可以通过搜索单词得到解决。但是,有时我们也需要在长字符串(文档、帮助文件、网页乃至整个网站)中搜索"substring searching""implicit data structures"之类的短语。

如何在一个很大的文本中搜索"几个单词组成的短语"呢?如果之前没看过该文本,我们别无选择,只能从头开始扫描整个文本内容。大部分算法教材都描述了许多解决此类"子串搜索问题"的方法。

假定我们可以在执行搜索之前对文本内容进行预处理,那么我们可以建立一个散列表(或者搜索树),为文档中的每个不同的单词建立索引,并为每个单词的每次出现存储一个链表。这样的"逆向索引"使得程序可以很快地找到给定的单词。为了查找短语,我们可以对其中包含的每个单词的链表进行交叉,但是实现起来比较复杂,速度可能会很慢。(不过一些网页搜索引擎用的就是这种方法。)

下面我们介绍一种强大的数据结构,并将其应用到一个小问题上:给定一个文本文件作为输入,查找其中最长的重复子字符串。例如,"Ask not what your country can do for you, but what you can do for your country"中最长的重复字符串是"can do for you",第二长的是"your country"。如何编写解决这个问题的程序呢?

这个问题使我们想起了 2.4 节的变位词程序。如果输入字符串存储在 c[0..n−1]中,那么我们可能会使用类似下面的伪代码比较每对子串:

```
maxlen = -1
for i = [0, n)
    for j = (i, n)
        if (thislen = comlen(&c[i], &c[j])) > maxlen
```

```
            maxlen = thislen
            maxi = i
            maxj = j
```

comlen 函数返回其两个参数字符串中共同部分的长度，从第一个字符开始比较：

```
int comlen(char *p, char *q)
    i = 0
    while *p && (*p++ == *q++)
        i++
    return i
```

由于该算法查看所有的字符串对，因此所需的最少时间是 n^2 的倍数。可以用散列表搜索短语中的单词来实现提速，但这里我们打算采用一种全新的方法。

我们的程序最多处理 *MAXN* 个字符，这些字符存储在数组 *c* 中：

```
#define MAXN 5000000
char c[MAXN], *a[MAXN];
```

我们将使用一个称为“后缀数组”的简单数据结构。尽管该术语在 20 世纪 90 年代才提出，但 70 年代人们就开始使用该结构了。这个结构是一个字符指针数组，记为 *a*。读取输入时，我们对 *a* 进行初始化，使得每个元素指向输入字符串中的相应字符：

```
while (ch = getchar()) != EOF
    a[n] = &c[n]
    c[n++] = ch
c[n] = 0;
```

c 的最后一个元素是空字符，空字符是所有字符串结束的标志。

元素 *a*[0]指向整个字符串，下一个元素指向从第二个字符开始的数组后缀，依次类推。对于输入字符串“banana”，该数组能够表示下面这些后缀：

```
a[0]: banana
a[1]: anana
a[2]: nana
a[3]: ana
a[4]: na
a[5]: a
```

数组 *a* 中指针所指的对象包含了字符串的每一个后缀，因此称 *a* 为“后缀数组”。

如果某个长字符串在数组 *c* 中出现两次，那么它将出现在两个不同的后缀中，因此我们对数组排序以寻找相同的后缀(就像在 2.4 节用排序寻找变位词一样)。“banana”数组排序为：

```
a[0]: a
a[1]: ana
a[2]: anana
a[3]: banana
a[4]: na
a[5]: nana
```

然后我们就可以扫描数组，通过比较相邻元素来找出最长的重复字符串，本例为“ana”。

可以使用 *qsort* 函数对后缀数组进行排序：

```
qsort(a, n, sizeof(char *), pstrcmp)
```

其中比较函数 *pstrcmp* 实际上是对 *strcmp* 库函数的一层间接调用。扫描数组时，使用 *comlen* 函数统计两个相邻单词共有的字母数：

```
for i = [0, n)
    if comlen(a[i], a[i+1]) > maxlen
        maxlen = comlen(a[i], a[i+1])
        maxi = i
printf("%.*s\n", maxlen, a[maxi])
```

printf 语句使用“*”精度输出字符串中的 *maxlen* 个字符。

运行我们的程序，在 Samuel Butler 翻译的《荷马史诗》一书的 807 503 个字符中寻找最长的重复字符串。程序需要 4.8 秒来定位该字符串：

> whose sake so many of the Achaeans have died at Troy, far from their homes? Go about at once among the host, and speak fairly to them, man by man, that they draw not their ships into the sea.

这段文字第一次出现在 Juno（朱诺）建议 Minerva（密涅瓦）阻止希腊人（Achaean）离开特洛伊的时候，不久它又在 Minerva 将这段话一字不差地重复给 Ulysses（尤里西斯）听的时候出现了。在这种具有 *n* 个字符的常见文本文件上，由于排序的存在，算

法需要 $O(n \log n)$的运行时间。

对于 n 个字符的输入文本，后缀数组使用文本自身和额外的 n 个指针来表示每个子串。习题 6 研究了如何用后缀数组解决子串搜索问题，下面我们来看看后缀数组的一个更复杂的应用。

15.3 生成文本

如何生成随机文本？一种比较经典的方法是让一只可怜的猴子在旧打字机上敲击。如果猴子敲击任何一个小写字母或空格键的概率是一样的，那么输出可能像下面这样：

uzlpcbizdmddk njsdzyyvfgxbgjjgbtsak rqvpgnsbyputvqqdtmgltz ynqotqigex jumqphu jcfwn ll jiexpyqzgsdllgcoluphl sefsrvqqytjakmav bfusvirsjl wprwqt

这显然不是英文文本。

如果统计一下单词游戏（如 Scrabble™ 或 Boggle™）中的字母数，我们会发现不同字母的出现次数是不一样的，例如 A 比 Z 多得多。通过统计文档中的字母数，猴子可以打出更像英文的文本——如果 A 在文本中出现了 300 次而 B 只出现了 100 次，那么猴子输入 A 的概率就是输入 B 的 3 倍。这样我们就离英文近了一小步：

saade ve mw hc n entt da k eethetocusosselalwo gx fgrsnoh,tvettaf aetnlbilo fc lhd okleutsndyeosht- bogo eet ib nheaoopefni ngent

多数事件发生在上下文中。假定我们要随机生成一年的华氏温度数据，0～100 范围内的 365 个随机整数序列无法欺骗一般的观察者。我们可以通过把今天的温度设置为昨天温度的（随机）函数来得到更可信的结果：如果今天是 85℃，那么明天不太可能是 15℃。

对于英文单词也是这样：如果当前字母是 Q，那么下一个字母是 U 的可能性很大。通过把每个字母设置为其前一个字母的随机函数，生成器可以得到更令人感兴趣的文本。因此，我们可以先读取一个样本，统计 A 之后每个字母出现的次数、B 之后每个字母出现的次数，等等。在写随机文本的时候，我们用当前字母的一个随机函数生成下一个字母，下面的“1 阶”（Order-1）文本就是用这种方案生成的：

Order-1: t I amy, vin. id wht omanly heay atuss n macon aresethe hired boutwhe t, tl, ad torurest t plur I wit hengamind tarer-plarody thishand.

Order-2: Ther I the heingoind of-pleat, blur it dwere wing waske hat trooss. Yout lar on wassing, an sit." "Yould," "I that vide was nots ther.

Order-3: I has them the saw the secorrow. And wintails on my my ent, thinks, fore voyager lanated the been elsed helder was of him a very free bottlemarkable,

Order-4: His heard." "Exactly he very glad trouble, and by Hopkins! That it on of the who difficentralia. He rushed likely?" "Blood night that.

我们可以把这一思想扩展到更长的字母序列上。2 阶文本是通过把每个字母设置为其前面两个字母的函数得到的（一对字母通常称为二连字母）。例如，二连字母 TH 在英文中后面通常跟 A、E、I、O、U 和 Y，后面跟 R 和 W 的可能性小一些，跟其他字母的情况很少。3 阶文本是通过把下一个字母设置为其前面三个字母（三连字母）的函数得到的。而到了 4 阶文本，大多数单词都是英文单词了，当我们发现它来自《福尔摩斯探案集》中的“格兰其修道院历险记”时可能不会感到惊讶。一位学习过古典文学的读者在阅读本章草稿时评论说，这 4 段文本使他想起了古代英语到维多利亚英语的演变。

具有数学背景的读者可能会将这个过程视为一个马尔可夫链。每个状态表示一个 k 连字母，并且从一个状态到另一个状态的概率是不变的。因此这是一个“具有固定转换概率的有限状态马尔可夫链”。

我们也可以在单词级别上生成随机文本：最笨的方法是随机输出字典中的单词；稍微好一点的方法是读取一个文档，对每个单词计数，然后根据适当的概率选择下一个输出的单词（15.1 节的程序用到了适合这种任务的工具）；如果使用在生成下一个单词时考虑前面几个单词的马尔可夫链，我们可以得到更加令人感兴趣的文本。下面是阅读本书前 14 章的草稿后所生成的随机文本。

Order-1: The table shows how many contexts; it uses two or equal to the sparse matrices were not chosen. In Section 13.1, for a more efficient that “the more time was published by calling recursive structure translates to build scaffolding to try to know of selected and testing and more robust and a binary search).

Order-2: The program is guided by verification ideas, and the second errs in the STL implementation (which guarantees good worst-case performance), and is especially rich in speedups due to Gordon Bell. Everything should be to use a macro: for n=10,000, its run time; that point Martin picked up from his desk.

Order-3: A Quicksort would be quite efficient for the main-memory sorts, and it requires only a few distinct values in this particular problem, we can write them all down in the program, and they were making progress towards a solution at a snail's pace.

1 阶文本几乎可以大声地读出来；3 阶文本由原始输入中的长短语构成，短语之间的转换是随机的；而 2 阶文本模拟英文的效果通常是最理想的。

我是在香农 1948 年的著名的论文“Mathematical Theory of Communication”中第一次看到字母级别和单词级别的英文文本 *k* 阶近似的。香农是这样说的：“以构建[字母级别的 1 阶文本]①为例，我们随机打开一本书并在该页随机选择一个字母记录下来。然后翻到另一页开始读，直到遇到该字母，此时记录下其后面的那个字母。再翻到另外一页搜索上述第二个字母并记录其后面的那个字母，依次类推。对于[字母级别的 1 阶、2 阶文本和单词级别的 0 阶、1 阶文本]②，处理过程是类似的。如果后续的近似都可以构建，那将是非常有趣的，不过工作量也将会非常大。”

可以用程序来自动完成这一艰苦的工作。我们生成 *k* 阶马尔可夫链的 C 程序最多在数组 *inputchars* 中存储 5 MB 的文本：

```
int k = 2;
char inputchars[5000000];
char *word[1000000];
int nword = 0;
```

我们可以通过扫描整个输入文本来直接实现香农的算法，从而生成每个单词（不过当文本很大时这样做可能比较慢）。我们实际采用的做法是把数组 *word* 作为一种指向字符的后缀数组，不同之处在于它仅从单词的边界开始（常见的修改）。变量 *nword* 保存单词的数目。我们用下面的代码读取文件：

```
word[0] = inputchars
while scanf("%s", word[nword]) != EOF
    word[nword+1] = word[nword] + strlen(word[nword]) + 1
    nword++
```

每个单词都附加到 *inputchars* 的后面（不需要分配其他存储空间），并用 *scanf* 提供的

① 香农原著为“second-order approximation”。——译者注

② 香农原著为“third-order approximation, first-order word approximation, and second-order word approximation”。——译者注

空字符作为结束标志。

读完输入后，我们将对 *word* 数组进行排序，以得到指向同一个 *k* 单词序列的所有指针。下列函数完成比较工作：

```
int wordncmp(char *p, char* q)
    n = k
    for ( ; *p == *q; p++, q++)
        if (*p == 0 && --n == 0)
            return 0
  return *p - *q
```

该函数在字符相同时持续扫描两个字符串。每次遇到空字符时，它将计数器 *n* 减 1，并在找到 *k* 个相同的单词后返回相同；当遇到不同的字符时，返回差别。

读完输入后，我们先在 *word* 数组后面附加 *k* 个空字符（这样比较函数就不会运行到最后），并输出文档的前 *k* 个单词（启动随机输出），然后调用排序：

```
for i = [0, k)
    word[nword][i] = 0
for i = [0, k)
    print word[i]
qsort(word, nword, sizeof(word[0]), sortcmp)
```

像通常一样，*sortcmp* 函数为它的指针参数增加了一层间接调用。

我们的空间高效结构现在包含了大量有关文本中 *k* 连单词的信息。如果 *k* 为 1 且输入文本为"of the people, by the people, for the people"，则 *word* 数组可能像下面这样：

```
word[0]: by the
word[1]: for the
word[2]: of the
word[3]: people
word[4]: people, for
word[5]: people, by
word[6]: the people,
word[7]: the people
word[8]: the people,
```

清晰起见，上面仅给出了数组 *word* 中每个元素所指向的前 *k*+1 个单词，通常后面还有更多单词。如果要查找"the"后面所跟的单词，就在后缀数组中进行查找，发现有三个选择：两次“people,”，一次“people”。

现在我们可以用下面的伪代码描述来生成无意义的文本：

```
phrase = first phrase in input array
loop
    perform a binary search for phrase in word[0..nword-1]
    for all phrases equal in the first k words
        select one at random, pointed to by p
    phrase = word following p
    if k-th word of phrase is length 0
        break
    print k-th word of phrase
```

我们通过将 *phrase* 设置为输入文件中的第一个短语（回忆一下，这些单词已经在输出文件中了）来对循环进行初始化。二分搜索使用 9.3 节的代码来定位 *phrase* 的第一次出现（找到第一次出现非常关键，9.3 节的二分搜索实现的正是这个功能）。接下来的 *for* 循环扫描所有相同的短语，并使用答案 12.10 从中随机选择一个。如果该短语的第 *k* 个单词长度为 0，那么当前短语是文档中的最后一个，因此我们跳出循环。

下面的完整伪代码实现了这些想法，并设置了所生成单词数目的上界：

```
phrase = inputchars
for (wordsleft = 10000; wordsleft > 0; wordsleft--)
    l = -1
    u = nword
    while l+1 != u
        m = (l + u) / 2
        if wordncmp(word[m], phrase) < 0
            l = m
        else
            u = m
    for (i = 0; wordncmp(phrase, word[u+i]) == 0; i++)
        if rand() % (i+1) == 0
            p = word[u+i]
    phrase = skip(p, 1)
    if strlen(skip(phrase, k-1)) == 0
        break
    print skip(phrase, k-1)
```

Kernighan 和 Pike 的 *Practice of Programming*（5.9 节介绍过）一书的第 3 章专门

讨论“设计与实现”这一主题。该章围绕单词级别的马尔可夫文本生成问题进行讨论，因为“它具有一定的代表性：读入一些数据，输出一些数据，处理过程需要一点技巧”。他们介绍了该问题的有趣历史，并使用 C、Java、C++、Awk 和 Perl 进行了实现。

本节的程序与他们的 C 程序性能相当，但代码量是它们的一半。通过用一个指向 *k* 个连续单词的指针来表示短语，可以有效利用空间且实现起来比较方便。当输入规模接近 1 MB 时，两个程序的速度大致相同。由于 Kernighan 和 Pike 使用了较大的结构，并大量使用了效率不高的 *malloc*，因此在我的系统上，本章的程序所需的内存空间要小一个数量级。如果结合答案 14 的加速，并用散列表替代二分搜索和排序，那么本节的程序速度将提高一倍（内存使用增加约 50%）。

15.4 原理

字符串问题。编译器如何在符号表中查找变量名？在我们输入查询字符串的每个字符时，帮助系统如何快速地搜索整个 CD-ROM？网页搜索引擎如何查找一个短语？解决这些实际问题需要用到本章简单介绍过的一些技巧。

- 字符串的数据结构。我们已经看到了几种用于表示字符串的最为重要的数据结构。
- 散列。这一结构的平均速度很快，且易于实现。
- 平衡树。这些结构在最坏情况下也有较好的性能，C++标准模板库的 *set* 和 *map* 的大部分实现都采用平衡树。
- 后缀数组。初始化指向文本中每个字符（或每个单词）的指针数组，对其排序就得到一个后缀数组。然后可以遍历该数组以查找接近的字符串，也可以使用二分搜索查找单词或短语。

13.8 节使用了其他几种结构来表示字典中的单词。

使用库组件还是使用定制的组件？C++标准模板库中的 *sets*、*maps* 和 *strings* 使用起来都很方便，但是它们通用而强大的接口也意味着它们的效率不如专用的散列函数高。另外一些库组件则非常高效：散列使用 *strcmp*，后缀数组使用 *qsort*。我在马尔可夫程序中写二分搜索和 *wordncmp* 函数的代码时参考了 *bsearch* 和 *strcmp* 的库实现。

15.5　习题

1. 本章通篇对单词采用如下的简单定义：单词由空白字符隔开。但 HTML 或 RTF 等格式的许多实际文档包含格式命令。如何处理这种命令？是否还需要进行其他处理？

2. 在内存很大的机器上如何使用 C++标准模板库的 *set* 或 *map* 来解决 13.8 节的搜索问题？与 McIlroy 的结构进行比较，它需要多少内存？

3. 在 15.1 节的散列函数中采用答案 9.2 中的专用 *malloc*，能使速度提升多少？

4. 当散列表较大，且散列函数能够均匀分布数据时，表中每个链表的元素都不多。如果这两个条件都满足，那么查找所需的时间就会很多。如果 15.1 节的散列表中没有找到某个新的字符串，就将它放到链表的最前面。为了模拟散列存在的问题，将 *NHASH* 设置为 1，并用 15.1 节的链表策略和其他的链表策略（例如添加到链表的最后面，或者将最近找到的元素放置到链表的最前面）进行实验。

5. 在观察 15.1 节词频程序的输出时，将单词按频率递减的顺序输出是最合适的。如何修改 C 和 C++程序以完成这一任务？如何仅输出 *M* 个最常见的单词（其中 *M* 是常数，例如 10 或者 1 000）？

6. 给定一个新的输入字符串，如何搜索后缀数组，以找到所存储文本中的最长匹配？如何建立一个图形用户界面来完成该任务？

7. 我们的程序对于“常见”的输入能够快速找到重复的字符串，但是在某些输入下速度很慢（超过平方复杂度）。计算这类输入下程序运行的时间。实际应用中曾出现过这类输入吗？

8. 如何修改查找重复字符串的程序，以找出出现超过 *M* 次的最长的字符串？

9. 给定两个输入文本，找出它们共有的最长字符串。

10. 说明在查找重复字符串的程序中，如何通过仅指向从单词边界开始的后缀来减少指针的数目。这对程序的输出有何影响？

11. 实现一个程序，生成字母级别的马尔可夫文本。

12. 如何使用 15.1 节中的工具和方法生成（零阶或非马尔可夫）随机文本？

13. 本书网站上提供了生成单词级别的马尔可夫文本的程序，用自己的一些文档测试该程序。

14. 如何使用散列对马尔可夫程序提速？

15. 15.3 节中对香农的引用描述了他用来构建马尔可夫文本的算法，编写程序实现该算法。它给出了马尔可夫频率的很好的近似，但不是精确的形式。解释为什么不是精确的形式。编写程序从头开始扫描整个字符串（从而可以使用真实的频率）以生成每个单词。

16. 如何使用本章的方法形成字典的单词列表（这是 13.8 节中 Doug McIlroy 面临的问题）？如何在不使用字典的前提下建立拼写检查器？如何在不使用语法规则的前提下建立语法检查器？

17. 研究一下在语音识别和数据压缩等应用中，与 k 连字母分析有关的方法是如何使用的。

15.6 深入阅读

8.8 节引用的很多书都有表示和处理字符串的有效算法和数据结构的内容。

第 1 版跋

[按]作者的自问自答在当年非常适合作为本书第 1 版的跋，如今这个问答依然适合本书新版的内容，所以将它保留了。

问：谢谢你同意接受我的采访。

答：不用客气，呵呵，我的时间不就是你的时间嘛。

问：既然这些章节的内容在《ACM 通讯》中早就刊载过了，你为什么还要将它们整理成一本书呢？

答：有几个小的原因：我修正了几十处错误，进行了几百处较小的改进，并增加了几个新的章节；书中的习题、答案和插图比原来多了 50%；而且，将这些内容整理成一本书，也比散布在十几本杂志中更方便读者。不过，最大的原因是：将这些内容放到一起，才更容易看出贯穿各章的主题；整体大于局部之和。

问：都有哪些主题？

答：最重要的就是：对程序设计做深入思考，这既有用又有趣。程序设计不仅仅意味着根据正式的需求文档进行系统化的程序开发。即便只能够帮助一个灰心的程序员重新爱上他（她）的工作，这本书也算达到目的了。

问：这个回答很模糊，有没有把各章联系在一起的技术线索？

答：性能是第二部分的题目，也是贯穿所有章节的一个主题。程序验证在好几章中得到广泛使用。附录 A 对本书中的算法进行了分类。

问：似乎多数章节都强调了设计过程，你能否总结一下自己在这方面的建议？

答：我很高兴你问到这个问题。在回答你的问题之前，我碰巧准备了一个列表。下面就是对程序员的 10 条建议。

- ❑ 解决正确的问题。
- ❑ 探索所有可能的解决方案。
- ❑ 观察数据。
- ❑ 使用粗略估算。
- ❑ 利用对称性。
- ❑ 利用组件做设计。
- ❑ 建立原型。
- ❑ 必要时进行权衡。
- ❑ 保持简单。
- ❑ 追求优美。

以上几点最初是针对编程提出的，但也适用于其他任何工程环境。

问：这让我想起了一个一直困扰着我的问题：简化本书中的小程序很容易，但本书中的方法能放大到实际软件上起作用吗？

答：我有三种答案：能、不能、可能。这些方法“能”被放大，例如，（第 1 版的）3.4 节描述了一个大型软件项目，这个项目经过简化后，“仅”需要 80 人年。同样有道理的答案是“不能”：如果简化得恰当，就可以避免建立庞大的系统，这些方法就没有必要被放大了。这两种观点都有道理，但实际情况往往介于两者之间，这就是为什么我说“可能”。有些软件必然很庞大，本书的主题比较适用于这些系统。Unix 系统就是一个很好的例子，由多个简单优美的部分组成一个强大的整体。

问：你在书中几乎都在讨论贝尔实验室，这会不会使书中内容有些局限性？

答：可能有一点。我主要使用了自己看到的一些实际材料，这使得本书有些偏向于我的工作环境。更确切地说，这些章节中的很多材料是我的同事们贡献的，他们应该受到赞扬（或批评）。我从贝尔实验室的研究人员和开发人员那里学到了很多东西。贝尔实验室具有很好的合作氛围，能够促进研究和开发之间的交互。因此，很多你觉得比较局限的东西，实际上是我对公司的感情的表现。

问：让我们回到原来的话题上吧，本书还缺少哪些内容？

答：我曾想在本书中描述一个包含很多程序的大型系统，但是我无法在篇幅通常为 10 页左右的一章中描述一个有趣的系统。从更一般的角度上来说，我希望将来能够增加几章讨论“面向程序员的计算机科学”（类似于第 4 章的程序验证和第 8 章的算法设计）和“工程化的计算技术”（类似于第 7 章的粗略估算）。

问：既然你这么注重“科学”和“工程”，那为什么本书的章节侧重的是故事情节而不是定理和表格呢？

答：行啦，自问自答可不应该讨论写作风格。

第 2 版跋

有的传统因为内在价值而得以延续，其他传统不管怎样也没有消失。

问：欢迎归来，已经过去很多年了。

答：14 年了[①]。

问：让我们继续上次的问答吧，为什么要出这本书的新版？

答：我非常、非常喜欢这本书。写这本书很有趣，这么多年来读者也一直非常支持我。书中的原理经受住了时间的检验，但第 1 版中的很多例子已经过时了。现在的读者很难理解只有半兆字节内存的所谓“巨型”计算机。

问：那你在本版中做了哪些修改呢？

答：很多，我在前言中说了这些改进。你在提问前没有看一下吗？

问：噢，对不起。我看到了前言中你说到如何从本书网站上获取代码。

答：在完成第 2 版的过程中，编写这些代码是最有趣的。在第 1 版中我实现了大多数程序，但只有我自己才能看到实际代码。在第 2 版中，我大约编写了 2 500 行 C 和 C++代码，让全世界都能看到。

问：你说这些代码准备向大众公开吗？我阅读了一部分，风格很糟糕！变量名太短，函数定义很奇怪，一些全局变量应该作为参数，等等。如果让真正的软件工程师看到这些代码，你不会感到难堪吗？

答：我用的风格在大型软件项目中确实是致命的。不过本书不是一个大型软件项目，连一本大型的书都算不上。答案 5.1 描述了简洁的编码风格和我选择这种编码风

① 本书第 1 版出版于 1986 年，第 2 版出版于 2000 年，间隔正好是 14 年。——译者注

格的原因。要是我打算写一本上千页的书，我会采用长一些的编码风格。

问：说到长代码，你的 *sort.cpp* 程序度量了 C 标准库函数 *qsort*、C++标准模板库函数 *sort* 和几个手写的快速排序函数的性能。你不能选定一个吗？程序员到底应该使用库函数还是应该从头开始自己编写代码？

答：Tom Duff 给出了最佳答案："尽可能地'盗用'已有的代码。"库函数很棒，尽可能地利用它们来解决问题。首先搜索系统库，然后再从其他库中寻找适当的函数。不过，在任何一种工程活动中，并非所有的工具都总能满足所有客户的需求。当库函数不能满足需求时，程序员就需要亲自动手编写函数，我希望书中的伪代码片段（和网站上的真实代码）在这时能派上用场。我认为，本书提供的脚手架和实验方法能够帮助程序员评估各种算法的性能，并从中挑选出最佳算法。

问：除了向大众公开代码并更新一些故事之外，第 2 版中真正有新意的地方是什么？

答：我尝试着从高速缓存和指令级并行性的角度来考虑代码调优。从更大一些的层面上讲，新增的 3 章内容反映了第 2 版中的 3 个主要变动：第 5 章描述了真实的代码和脚手架，第 13 章给出了数据结构的细节，第 15 章派生出了高级算法。书中的多数观点此前已发表过，但附录 C 中的空间开销模型和 15.3 节的马尔可夫文本算法是首次出现。新的马尔可夫文本算法绝不亚于 Kernighan 和 Pike 提出的经典算法。

问：这些年来你接触过的贝尔实验室的人更多了。从我们上次的交谈可以看出，你对那个地方非常有感情。但是你只在那里待了几年的时间，贝尔实验室在过去的 14 年中变化很大。你怎么看待现在的贝尔实验室和这些改变？

答：在我编写本书前几章的时候，贝尔实验室是贝尔系统公司的一部分；第 1 版出版的时候，我们是 AT&T 的一部分，现在我们是朗讯科技的一部分。在这段时间里，公司、通信产业和计算领域都发生了翻天覆地的变化。贝尔实验室跟上了这些变化，而且往往还是变革的先驱。我进入这个实验室，是因为我喜欢在理论和应用之间保持平衡，是因为我既想开发产品又想写书。我在贝尔实验室工作的这些年里，虽然时而偏向理论，时而偏向应用，但我的老板总是鼓励我从事各种各样的活动。

本书第 1 版的一位审稿人这样写道："Bentley 每天的工作环境是一个编程天堂。他是位于新泽西州莫雷山的贝尔实验室技术部成员，能够直接接触到最先进的硬件和软件技术，并和全世界最优秀的一些软件开发人员一起进餐。"现在的贝尔实验室仍然是这种地方。

问：每天都生活在天堂中吗？

答：很多日子都好像生活在天堂中，而其他时光也非常美好。

附录A

算法分类

本书涵盖了大学算法课中的许多内容，但侧重点不同——我们更强调应用和编码，而不强调数学分析。本附录将有关内容组织成更标准的提纲形式。

A.1 排序

问题定义。输出序列是输入序列的一个有序排列。如果输入是文件，则输出通常是另一个文件；如果输入是数组，则输出通常还是该数组。

应用。本列表仅表明了排序应用的多样性。

- 输出需求。有些用户需要得到有序的输出，例如1.1节所考虑的电话号码簿及月对账单；而二分搜索等函数的实现则要求有序的输入。
- 收集相同的项。程序员利用排序来收集相同的项：2.4节和2.8节的变位词程序收集同一变位词类中的单词，15.2节和15.3节的后缀数组收集相同的文本短语，其他例子见习题2.6、习题8.10和习题15.8。
- 其他应用。2.4节和2.8节的变位词程序将字母表顺序作为单词中字母的规范顺序，并进而将它作为变位词类的标识；习题2.7通过排序重新组织磁带上的数据。

通用函数。下列算法对任意 n 元序列进行排序。

- 插入排序。11.1节的程序对于最坏情况下的随机输入，运行时间为 $O(n^2)$。该节用表格给出了多个程序变体的具体运行时间。11.3节使用插入排序在 $O(n)$ 时间内对一个本来就几乎有序的数组进行了排序。插入排序是本书中唯一稳定的排序算法：具有相同关键字的元素在输出序列和输入序列中的相对顺序保持不变。

- 快速排序。11.2 节的简单快速排序算法在具有 n 个不同元素的数组上运行需要 $O(n \log n)$的时间。该算法是递归的，平均情况下需要对数大小的栈空间，最坏情况下需要 $O(n^2)$的时间和 $O(n)$的栈空间。该算法对于所有元素都相同的数组，运行时间为 $O(n^2)$；11.3 节的改进版本对任意数组的平均运行时间均为 $O(n \log n)$，该节表格中给出了几种具体实现的运行时间经验数据。C 标准库函数 *qsort* 通常用本算法实现，本书的 2.8 节、15.2 节、15.3 节和答案 1.1 用到了该库函数。C++标准库函数 *sort* 通常也使用本算法，11.3 节给出了该库函数的平均运行时间。

- 堆排序。14.4 节的堆排序在任意 n 元数组上的运行时间都是 $O(n \log n)$。该算法不是递归的，且仅使用了固定大小的额外空间。答案 14.1 和 14.2 描述了更快的堆排序。

- 其他排序算法。1.3 节介绍的归并排序算法对文件排序非常有效，习题 14.4.d 概述了一种归并算法。答案 11.6 给出了选择排序和希尔排序的伪代码。

答案 1.3 给出了几种排序算法的运行时间。

专用函数。这些函数能够在特定的输入上得到简短有效的程序。

- 基数排序。习题 11.5 中 McIlroy 的位串排序能够推广为在更大的字母表（例如字节）上对字符串进行排序。

- 位图排序。1.4 节的位图排序利用到了如下事实：待排序的整数通常在小范围内，无重复元素也没有多余数据。答案 1.2、1.3、1.5 和答案 1.6 描述了实现细节和扩展。

- 其他排序。1.3 节的多遍排序多次读取输入文件，用时间换取空间。第 12 章和第 13 章生成了随机整数的有序集合。

A.2　搜索

问题定义。搜索函数判断其输入是否为给定集合的成员，可能还要检索相关的信息。

应用。习题 2.6 中，Lesk 的程序通过搜索电话号码簿，将（编码后的）姓名转换为电话号码。10.8 节中 Thompson 的残局程序通过搜索棋盘来计算最优的走法。13.8 节中 McIlroy 的拼写检查器通过搜索字典来判断单词是否拼写正确。其他应用跟函数一起介绍。

通用函数。下列算法对任意 *n* 元集合进行搜索。

- 顺序搜索。9.2 节给出了在数组中进行顺序搜索的简单版本和调优版本。13.2 节给出了数组和链表中的顺序搜索。本算法可用于给单词添加连字符（习题 3.5）、平滑地理数据（9.2 节）、表示稀疏矩阵（10.2 节）、生成随机集合（13.2 节）、存储压缩的字典（13.8 节）、装箱问题（习题 14.5）以及查找所有相同的文本短语（15.3 节）。第 3 章的简介和习题 3.1 描述了两种比较愚蠢的顺序搜索实现。
- 二分搜索。2.2 节介绍了这个大约需要 $\log_2 n$ 次比较来搜索一个有序数组的算法，相应的代码在 4.2 节给出。9.3 节扩展了代码以查找许多相同项的首次出现，并对代码的性能进行了调优。算法的应用包括在预订系统（2.2 节）、错误的输入行（2.2 节）、输入单词的变位词（习题 2.1）、电话号码（习题 2.6）、线段交点的位置（习题 4.7）、稀疏数组中项的索引（答案 10.2）、随机整数（习题 13.3）和短语（15.2 节和 15.3 节）中搜索记录。习题 2.9 和习题 9.9 讨论了二分搜索和顺序搜索之间的折中。
- 散列。习题 1.10 对电话号码进行了散列，习题 9.10 对一组整数进行了散列，13.4 节用箱对一组整数进行了散列，13.8 节对字典中的单词进行了散列，15.1 节通过散列方法对文档中的单词进行了计数。
- 二分搜索树。13.3 节使用（非平衡的）二分搜索树来表示一组随机整数。通常用平衡树实现 C++标准模板库中的 *set* 模板，我们在 13.1 节、15.1 节和答案 1.1 中都用到了 *set* 模板。

专用函数。这些函数能够在特定的输入上得到简短有效的程序。

- 关键字索引。一些关键字可以用作数组的索引。13.4 节的箱和位向量都使用整数关键字作为索引。用作索引的关键字包括电话号码（1.4 节）、字符（答案 9.6）、三角函数的参数（习题 9.11）、稀疏数组的索引（10.2 节）、程序计数器的值（习题 10.7）、棋盘（10.8 节）、随机整数（13.4 节）、字符串的散列值（13.8 节）和优先级队列中的整数值（习题 14.8）。习题 10.5 利用关键字索引和数值函数节省了空间。
- 其他方法。9.1 节描述了如何通过将常用元素保存在高速缓存中来减少搜索时间，10.1 节描述了在理解问题背景的基础上简化对税收表格的搜索的过程。

A.3 其他集合算法

这些算法用于处理可能包含重复元素的 n 元集合。

优先级队列。对优先级队列可以进行插入任意元素和删除最小元素这两种操作。14.3 节介绍了实现优先级队列的两种顺序结构，并给出了一个用堆高效实现优先级队列的 C++类。习题 14.4、习题 14.5 和习题 14.8 描述了其应用。

选择算法。在习题 2.8 中我们必须选择出集合中第 k 个最小的元素，答案 11.9 给出了一个有效的算法，其他算法见答案 2.8、11.1 和 14.4.c。

A.4 字符串算法

2.4 节和 2.8 节计算了字典中的变位词集合。答案 9.6 描述了几种对字符进行分类的方法。15.1 节列出了文件中的不同单词并对每个单词进行了计数，在此过程中先后用到了 C++标准模板库和定制的散列表。15.2 节用后缀数组查找文本文件中最长的重复子串，15.3 节使用了后缀数组的一种变体由马尔可夫模型生成随机文本。

A.5 向量和矩阵算法

2.3 节和习题 2.3、习题 2.4 讨论了交换向量中子序列的算法，答案 2.3 给出了相应的代码。习题 2.5 描述了一种交换向量中非相邻子序列的算法。习题 2.7 利用排序对磁带上的矩阵进行转置操作。习题 4.9、习题 9.4 和习题 9.8 描述了计算向量中最大值的程序。10.3 节和 14.4 节描述了共享空间的向量算法和矩阵算法。3.1 节、10.2 节和 13.8 节讨论了稀疏向量和稀疏矩阵，习题 1.9 描述了一种对稀疏向量进行初始化的方案（该方案用在 10.2 节中）。第 8 章描述了计算向量最大和子序列的 5 种算法，该章中有几个问题跟向量与矩阵有关。

A.6 随机对象

对生成伪随机整数的函数的使用贯穿全书，这些函数在答案 12.1 中实现。12.3 节描述了一个“打乱”数组中元素的算法。12.1 节到 12.3 节描述了选择集合中随机子集的几种算法（另见习题 12.7 和习题 12.9）。习题 1.4 给出了该算法的应用。答案 12.10 给出了从一组数量未知的对象中随机选择一个的算法。

A.7 数值算法

答案 2.3 给出了计算两个整数的最大公约数的欧几里得算法。习题 3.2 讨论了对常系数线性递归求值的算法。习题 4.9 给出了计算正整数次幂的高效算法代码。习题 9.11 通过查表计算三角函数。答案 9.12 描述了对多项式求值的 Horner 方法。习题 11.1 和习题 14.4.b 描述了如何对大型浮点数集合求和。

附录 B

估算测试

第 7 章的粗略估算都是从基本数量开始的。在问题的规范说明（如需求文档）中有时能够看到这些数值，但其他时候必须对它们进行估算。

设计这个小测试是为了帮助你评估自己的数值估算熟练程度。对于每个问题，请根据自己的观点填入上下界，使自己有 90%的机会将真实值包含在其中，同时尽量不要把范围设得太窄或太宽。测试需要 5～10 分钟，请认真对待（为后续读者考虑，最好在本页的复印件上完成这个测试）。

[______，______] 2000 年 1 月 1 日美国的人口数量，以百万为单位。

[______，______] 拿破仑的出生年份。

[______，______] 密西西比-密苏里河的长度，以英里为单位。

[______，______] 波音 747 客机的最大起飞重量，以磅为单位。

[______，______] 无线电信号从地球传播到月球所需的秒数。

[______，______] 伦敦的纬度。

[______，______] 航天飞机绕地球一圈所需的分钟数。

[______，______] 金门大桥两座钢塔之间的距离，以英尺为单位。

[______，______] 独立宣言的署名人数。

[______，______] 成年人体的骨头块数。

完成测试后，请翻到下一页查看答案和解释。

请在翻到下一页之前回答上述问题。

如果你还没有独立填完所有的空格，请回到上一页完成测试。下面是问题的答案，来自于年鉴或类似的资源。

2000 年 1 月 1 日，美国的人口数量为 27 250 万。

拿破仑出生于 1769 年。

密西西比-密苏里河的长度为 3 710 英里。

波音 747-400 客机的最大起飞重量为 875 000 磅。

无线电信号从地球传播到月球需要 1.29 秒。

伦敦的纬度约为 51.5°。

航天飞机绕地球一圈约需 91 分钟。

金门大桥两座钢塔之间的距离为 4 200 英尺。

独立宣言的署名人数为 56。

成年人体有 206 块骨头。

请数一下你给出的范围中有几个包含了正确答案。由于你使用了 90%的置信区间，因此在这 10 个答案中应该有 9 个是正确的。

如果你的所有 10 个答案都是正确的，那么你可能是一个优秀的估算者；当然也可能是因为你给出的范围非常大，那样的话你什么都能猜对。

如果你的正确答案不超过 6 个，那么你可能像我第一次做类似的估算测试时一样尴尬，你需要一些练习来提高自己的估算能力。

如果你答对了 7 或 8 道题，那么你是一个很不错的估算者，以后请记住将 90%的范围再放宽一些。

如果你正好有 9 个答案是正确的，那么你可能是一个优秀的估算者。当然，如果你对前面 9 个问题给出的范围是无穷大，而对最后一个问题给出的范围为 0，那么你应当感到羞愧。

附录 C

时空开销模型

7.2 节描述了两个用来估算各种基本运算时空开销的小程序，本附录展示了如何将它们扩展成一整页的时间和空间估算程序。本书网站上提供了这两个程序的完整源代码。

程序 *spacemod.cpp* 为 C++中的各种结构提供了一种空间开销模型。程序的第 1 部分使用

```
cout << "sizeof(char)=" << sizeof(char);
cout << " sizeof(short)=" << sizeof(short);
```

之类的语句序列对基本对象进行了精确度量：

```
sizeof(char)=1  sizeof(short)=2  sizeof(int)=4
sizeof(float)=4  sizeof(struct *)=4  sizeof(long)=4
sizeof(double)=8
```

该程序还使用如下的命名习惯定义了十多个结构：

```
struct structc { char c; };
struct structic { int i; char c; };
struct structip { int i; structip *p; };
struct structdc { double d; char c; };
struct structc12 { char c[12]; };
```

程序定义了一个宏，在该宏定义中，首先给出相应结构的 *sizeof* 信息，然后用类似下面的形式给出对 *new* 分配的字节数的估计：

```
structc    1   48 48 48 48 48 48 48 48 48 48
structic   8   48 48 48 48 48 48 48 48 48 48
```

```
structip   8   48 48 48 48 48 48 48 48 48 48
structdc   16  64 64 64 64 64 64 64 64 64 64
structcd   16  64 64 64 64 64 64 64 64 64 64
structcdc  24  -3744 4096 64 64 64 64 64 64 64 64
structiii  12  48 48 48 48 48 48 48 48 48 48
```

每行的第一个数由 *sizeof* 给出，接下来的 10 个数反映了 *new* 返回的连续指针之间的差别。这个输出是很常见的：大部分数都是一致的，但是分配器偶尔会突然地跳跃一下。

这个宏输出一行内容：

```
#define MEASURE(T, text) {                  \
    cout << text << "\t";                   \
    cout << sizeof(T) << "\t";              \
    int lastp = 0;                          \
    for (int i = 0; i < 11; i++) {          \
        T *p = new T;                       \
        int thisp = (int) p;                \
        if (lastp != 0)                     \
            cout << " " << thisp - lastp;   \
        lastp = thisp;                      \
    }                                       \
    cout << "\n";                           \
}
```

调用这个宏需要两个参数，第一个参数是结构名，第二个参数是包含在引号中的相同名字：

```
MEASURE(structc, "structc");
```

（我的第一份草稿使用了带有结构类型参数的 C++模板，但是 C++实现的人为因素会导致度量结果差别很大。）

下表总结了该程序在我机器上的输出结果：

结构	*sizeof*	*new* 分配的空间
int	4	48
structc	1	48
structic	8	48
structip	8	48
structdc	16	64
structcd	16	64
structcdc	24	64
structiii	12	48
structiic	12	48
structc12	12	48
structc13	13	64
structc28	28	64
structc29	29	80

左边一列数帮助我们估算结构的 *sizeof* 信息。估算时首先对结构中所有类型的 *sizeof* 求和，这就解释了为什么 *structip* 的 *sizeof* 是 8 字节。此外，我们还必须考虑对齐问题：尽管 *structcdc* 结构的组成部分总共需要 10 字节（两个 *char* 和一个 *double*），但是存储 *structcdc* 需要 24 字节。

右边一列给出了 *new* 运算符分配的空间。可以看出，对于 *sizeof* 不超过 12 字节的结构，需要分配的空间都是 48 字节；*sizeof* 从 13 字节到 28 字节的结构需要 64 字节的空间。一般说来，分配的块大小是 16 的倍数，有 36 字节～47 字节的额外开销[①]，这样的开销是很大的，我使用的其他系统在表示 8 字节的记录时只需要 8 字节的额外开销。

7.2 节还描述了一个估算特定 C 运算开销的小程序。我们可以将它一般化为一个一整页的 *timemod.c* 程序，用于为一组 C 运算提供时间开销模型。（该程序的前身由 Brian Kernighan、Chris Van Wyk 和我于 1991 年编写。）程序的 *main* 函数包含了一系列的 *T*（标题）行和紧随其后的 *M* 行来度量运算的开销：

```
T("Integer Arithmetic");
M({});
M(k++);
M(k = i + j);
M(k = i - j);
    ...
```

① 对于 *sizeof* 不超过 12 字节的结构而言。——译者注

这些行（以及一些类似的行）会产生如下的输出：

```
Integer Arithmetic (n=5000)
 {}            250   261   250   250    251   10
 k++           471   460   471   461    460   19
 k = i + j     491   491   500   491    491   20
 k = i - j     440   441   441   440    441   18
 k = i * j     491   490   491   491    490   20
 k = i / j    2414  2433  2424  2423   2414   97
 k = i % j    2423  2414  2423  2414   2423   97
 k = i & j     491   491   480   491    491   20
 k = i | j     440   441   441   440    441   18
```

第一列给出了循环体内执行的运算

```
for i = [1, n]
    for j = [1, n]
        op
```

接下来的 5 列给出了该循环 5 次执行的时钟点击时间[①]（本系统以毫秒为单位）。（这些时间应该是一致的，不一致的数值能够帮助我们发现可疑的运行。）最后一列以纳秒为单位给出了每个运算的平均开销。第一行说明执行空循环体需要 10 纳秒，下一行说明使变量 k 自增大约需要 9 纳秒的额外时间。除了除法和模运算的开销高一个数量级外，所有算术和逻辑运算所需的开销基本相同。

这个方法给出了我机器上的粗略估算，不作过多解释。在实验过程中，我把优化选项都禁用了，因为启用优化选项后，优化器会删除计时循环，导致所有的时间都为零。

这一工作是通过 M 宏完成的，如下面的伪代码所示：

```
#define M(op)
    print op as a string
    timesum = 0
    for trial = [0, trials)
        start = clock()
        for i = [1, n]
            fi = i
            for j = [1, n]
                op
```

① 执行前后时钟点的差，用于计时。——译者注

```
        t = clock()-start
        print t
        timesum += t
    print 1e9*timesum / (n*n * trials * CLOCKS_PER_SEC)
```

该开销模型的完整代码可以在本书网站上找到。

下面我们来看看该程序在我机器上的输出结果。由于时钟点击是一致的，我们将其忽略，只给出以纳秒为单位的平均时间。

```
Floating Point Arithmetic (n=5000)
 fj=j;                 18
 fj=j; fk = fi + fj    26
 fj=j; fk = fi - fj    27
 fj=j; fk = fi * fj    24
 fj=j; fk = fi / fj    78
Array Operations (n=5000)
 k = i + j             17
 k = x[i] + j          18
 k = i + x[j]          24
 k = x[i] + x[j]       27
```

这些浮点运算都先把整数 *j* 赋给浮点数 *fj*（大约需要 8 纳秒）。在外循环中，我们将整数 *i* 的值赋给了浮点数 *fi*。浮点运算本身的开销跟相应的整数运算差不多，数组运算的开销也都不大。

下面的输出结果有助于我们对一般的控制流和一些特定排序操作的理解：

```
Comparisons (n=5000)
 if (i < j) k++            20
 if (x[i] < x[j]) k++      25
Array Comparisons and Swaps (n=5000)
 k = (x[i]<x[k]) ? -1:1    34
 k = intcmp(x+i, x+j)      52
 swapmac(i, j)             41
 swapfunc(i, j)            65
```

比较和交换操作的函数版本比内联版本的开销多 20 纳秒。9.2 节比较了使用函数、宏和内联代码计算两个值中的最大值的开销：

```
Max Function, Macro and Inline (n=5000)
```

```
k = (i > j) ? i : j      26
k = maxmac(i, j)         26
k = maxfunc(i, j)        54
```

rand 函数的开销相对较小（不过 *bigrand* 函数需要调用两次 *rand*），开方运算的开销比基本算术运算大一个数量级（尽管只是除法运算的两倍），简单三角函数运算的开销是开方的两倍，而高级三角函数运算则需要微秒时间。

```
Math Functions (n=1000)
 k = rand()           40
 fk = j+fi            20
 fk = sqrt(j+fi)      188
 fk = sin(j+fi)       344
 fk = sinh(j+fi)      2229
 fk = asin(j+fi)      973
 fk = cos(j+fi)       353
 fk = tan(j+fi)       465
```

由于这些操作的开销较高，我们缩小了 *n* 的值，但内存分配的开销却更大，需要更小的 *n*：

```
Memory Allocation (n=500)
 free(malloc(16))     2484
 free(malloc(100))    3044
 free(malloc(2000))   4959
```

附录D

代码调优法则

我 1982 年的 *Writing Efficient Programs* 一书为代码调优提供了 27 个法则。该书现已绝版，因此我在这里再次列出那些法则（只作了一些很小的改动），并给出它们在本书中的应用示例。

D.1 空间换时间法则

修改数据结构。为了减少数据上的常见运算所需要的时间，我们通常可以在数据结构中增加额外的信息，或者修改数据结构中的信息使之更易访问。

- 9.2 节中，Wright 希望在一组用经纬度表示的球面的点中查找最近邻（利用角度），这项工作涉及费时的三角函数运算。Appel 修改了数据结构，用 x、y 和 z 坐标代替了经纬度，从而大大减少了计算欧氏距离的时间。

存储预先计算好的结果。对于开销较大的函数，可以只计算一次，然后将计算结果存储起来以减少开销。以后再需要该函数时，可以直接查表而不需要重新计算。

- 8.2 节和答案 8.11 的累加数组使用两次查表和一次减法来代替一系列的加法。
- 答案 9.7 通过一次查找 1 字节或单词来加速程序对位的计数。
- 答案 10.6 使用表查找替代了移位和逻辑运算。

高速缓存。最经常访问的数据，其访问开销应该是最小的。

- 9.1 节描述了 Van Wyk 如何缓存最常用的结点大小，以避免对系统存储分配器的高开销调用。答案 9.2 给出了一种结点缓存的细节。
- 第 13 章为链表、箱和二分搜索树缓存了结点。

- 如果没有指明在基本数据中的位置，那么高速缓存就达不到期望的效果，只会增加程序的运行时间。

懒惰求值。除非需要，否则不对任何一项求值。这一策略可以避免对不必要的项求值。

D.2　时间换空间法则

堆积。密集存储表示可以通过增加存储和检索数据所需的时间来减少存储开销。

- 10.2 节的稀疏数组表示只稍微增加了一些访问该结构的时间，却大大减少了存储开销。
- 13.8 节中 McIlroy 的拼写检查器字典将 75 000 个英语单词压缩到了 52 KB。
- 10.3 节中 Kernighan 的数组和 14.4 节中的堆排序都使用了共享空间技术，通过在同一内存空间中存储不可能被同时调用的数据项来节省数据空间。
- 尽管堆积有时通过牺牲时间来获取空间，但是这种较小的表示方式处理起来通常更快。

解释程序。使用解释程序通常可以减少表示程序所需的空间，在解释程序中常见的操作序列以一种紧凑的方式表示。

- 3.2 节为“格式信函编程”使用了解释程序，10.4 节为一个简单的图形程序使用了解释程序。

D.3　循环法则

将代码移出循环。与其在循环的每次迭代时都执行一次某种计算，不如将其移到循环体外，只计算一次。

- 11.1 节将对变量 *t* 的赋值移出了 *isort2* 的主循环。

合并测试条件。高效的内循环应该包含尽量少的测试条件，最好只有一个。因此，程序员应尽量用一些退出条件来模拟循环的其他退出条件。

- *哨兵*是该法则的常见应用：在数据结构的边界上放一个哨兵以减少测试是否已搜索结束的开销。9.2 节在顺序搜索数组时用到了哨兵。第 13 章使用哨兵为数组、链表、箱和二分搜索树生成清晰（而且高效）的代码。答案 14.1 在堆的一端放置了一个哨兵。

循环展开。循环展开可以减少修改循环下标的开销，对于避免管道延迟、减少分支以及增加指令级的并行性也都很有帮助。

- 展开 9.2 节的顺序搜索大约能将运行时间缩短 50%，展开 9.3 节的二分搜索可以使运行时间缩短 35%～65%。

删除赋值。如果内循环中很多开销来自普通的赋值，通常可以通过重复代码并修改变量的使用来删除这些赋值。具体说来，删除赋值 $i=j$ 后，后续的代码必须将 j 视为 i。

消除无条件分支。快速的循环中不应该包含无条件分支。通过“旋转”循环，在底部加上一个条件分支，能够消除循环结束处的无条件分支。

- 该操作通常由优化的编译器完成。

循环合并。如果两个相邻的循环作用在同一组元素上，那么可以合并其运算部分，仅使用一组循环控制操作。

D.4　逻辑法则

利用等价的代数表达式。如果逻辑表达式的求值开销太大，就将其替换为开销较小的等价代数表达式。

短路单调函数。如果我们想测试几个变量的单调非递减函数是否超过了某个特定的阈值，那么一旦达到这个阈值就不再需要计算任何变量了。

- 该法则的一个更成熟的应用就是，一旦达到了循环的目的就退出循环。第 10 章、第 13 章和第 15 章中的搜索循环都是一旦找到所需的元素就终止。

对测试条件重新排序。在组织逻辑测试的时候，应该将低开销的、经常成功的测试放在高开销的、很少成功的测试前面。

- 答案 9.6 简要介绍了一系列可能已重新排过序的测试。

预先计算逻辑函数。在比较小的有限域上，可以用查表来取代逻辑函数。

- 答案 9.6 描述了如何通过查表来实现标准 C 的库字符分类函数。

消除布尔变量。我们可以用 *if - else* 语句来取代对布尔变量 v 的赋值，从而消除程序中的布尔变量。在该 *if - else* 语句中，一个分支表示 v 为真的情况，另一个分支表示 v 为假的情况。

D.5 过程法则

打破函数层次。对于（非递归地）调用自身的函数，通常可以通过将其改写为内联版本并固定传入的变量来缩短其运行时间。

- 使用宏替代 9.2 节的 *max* 函数，几乎能够使速度提高 1 倍。
- 把 11.1 节的 *swap* 函数改写为内联版本，几乎可以使速度变为原来的 3 倍；而把 11.3 节的 *swap* 函数改为内联版本，速度提升的比例就小一些了。

高效处理常见情况。应该使函数能正确处理所有情况，并能高效处理常见情况。

- 9.1 节中，Van Wyk 的存储分配器能正确处理所有结点大小；对于最常见的结点大小，程序的处理效率尤其高。
- 6.1 节中，Appel 使用专用的小时间步长处理高开销的邻近对象，这就使得程序的其他部分可以使用更为高效的大时间步长。

协同程序。通常，使用协同例程能够将多趟算法转换为单趟算法。

- 2.8 节的变位词程序使用了管道，这能通过一组协同程序来实现。

递归函数转换。递归函数的运行时间往往可以通过下面的转换来缩短。

- 将递归重写为迭代，如第 13 章的链表和二分搜索树。通过使用一个显式的程序栈将递归转化为迭代。（如果函数仅包含一个对其自身的递归调用，那么就没有必要将返回地址存储在栈中）。
- 如果函数的最后一步是递归调用其自身，那么使用一个到其第一条语句的分支来替换该调用，这通常称为消除尾递归。答案 11.9 的代码给出了一个尾递归的例子，该分支往往可以转换为一个循环，通常由编译器来执行这一优化。
- 解决小的子问题时，使用辅助过程通常比把问题的规模变为 0 或 1 更有效。11.3 节的 *qsort4* 函数用到了一个接近 50 的小整数 *cutoff* 值。

并行性。在底层硬件条件下，我们构建的程序应该尽可能多地挖掘并行性。

D.6 表达式法则

编译时初始化。在程序执行之前，应该对尽可能多的变量初始化。

利用等价的代数表达式。如果表达式的求值开销太大，就将其替换为开销较小的等价代数表达式。

- 9.2 节中，Appel 用乘法和加法取代了高开销的三角函数运算，并利用单调性消除了高开销的开方运算。
- 9.2 节使用开销较小的 *if* 语句替换了内循环中高开销的 C 取模运算符%。
- 乘以或除以 2 的幂通常可以通过左移或右移来实现。答案 13.9 把箱所使用的任意除法替换为移位。答案 10.6 把除以 10 的运算替换为移动 4 位。
- 6.1 节中，Appel 充分利用了数据结构所提供的额外精度，用更为快速的 32 位浮点数替换了 64 位浮点数。
- 用加法替代乘法，降低数组元素上的循环强度。很多编译器进行了这一优化。这种方法可以推广为一大类增量算法。

消除公共子表达式。如果两次对同一个表达式求值时，其所有变量都没有任何改动，那么我们可以用下面的方法避免第二次求值：存储第一次的计算结果并用其取代第二次求值。

- 现代编译器都能消除不包含函数调用的公共子表达式。

成对计算。如果经常需要对两个类似的表达式一起求值，那么就应该建立一个新的过程，将它们成对求值。

- 13.1 节中，我们的第一个伪代码总是同时使用成员函数和 *insert* 函数。如果 *insert* 函数的参数已经在集合中，C++代码就使用不完成任何操作的 *insert* 替代这两个函数。

利用计算机字的并行性。用底层计算机体系结构的全部数据路径宽度来对高开销的表达式求值。

- 习题 13.8 说明通过操作 *char* 或 *int* 等类型可以使位向量能够一次操作很多位。
- 答案 9.7 并行统计位数。

附录 E

用于搜索的 C++类

下面给出了第 13 章所讨论的 C++整数集合表示类的完整清单，本书网站上提供了完整的源代码。

```
class IntSetSTL {
private:
    set<int> S;
public:
    IntSetSTL(int maxelms, int maxval) { }
    int size() { return S.size(); }
    void insert(int t) { S.insert(t);}
    void report(int *v)
    {   int j = 0;
        set<int>::iterator i;
        for (i = S.begin(); i != S.end(); ++i)
            v[j++] = *i;
    }
};
```

```
class IntSetArray {
private:
    int n, *x;
public:
    IntSetArray(int maxelms, int maxval)
    {   x = new int[1 + maxelms];
        n = 0;
        x[0] = maxval;
    }
```

```
    int size() { return n; }
    void insert(int t)
    {   for(int i = 0; x[i] < t; i++)
            ;
        if (x[i] == t)
            return;
        for (int j = n; j >= i; j--)
            x[j+1] = x[j];
        x[i] = t;
        n++;
    }
    void report(int *v)
    { for (int i = 0; i < n; i++)
          v[i] = x[i];
    }
};


class IntSetList {
private:
    int n;
    struct node {
        int val;
        node *next;
        node(int v, node *p) { val = v; next = p; }
    };
    node *head, *sentinel;
    node *rinsert(node *p, int t)
    {  if (p->val < t) {
            p->next = rinsert(p->next, t);
        } else if (p->val > t) {
            p = new node(t, p);
            n++;
        }
        return p;
    }
public:
    IntSetList(int maxelms, int maxval)
    {   sentinel = head = new node(maxval, 0);
        n = 0;
```

```
    }
    int size() { return n; }
    void insert(int t) { head = rinsert(head, t); }
    void report(int *v)
    {  int j = 0;
       for (node *p = head; p != sentinel; p = p->next)
           v[j++] = p->val;
    }
};


class IntSetBST {
private:
    int n, *v, vn;
    struct node {
        int val;
        node *left, *right;
        node(int v) { val = v; left = right = 0; }
    };
    node *root;
    node *rinsert(node *p, int t)
    {  if(p == 0) {
            p = new node(t);
            n++;
       } else if (t < p->val) {
            p->left = rinsert(p->left, t);
       } else if (t > p->val) {
            p->right = rinsert(p->right, t);
       } // do nothing if p->val == t
       return p;
    }
    void traverse(node *p)
    {   if (p == 0)
            return;
       traverse(p->left);
       v[vn++] = p->val;
       traverse(p->right);
    }
public:
    IntSetBST(int maxelms, int maxval) { root = 0; n = 0; }
```

```
    int size() { return n; }
    void insert(int t) { root = rinsert(root, t); }
    void report(int *x) { v = x; vn = 0; traverse(root); }
};


class IntSetBitVec {
private:
    enum { BITSPERWORD = 32, SHIFT = 5, MASK = 0x1F };
    int n, hi, *x;
    void set(int i)  {        x[i>>SHIFT] |=  (1<<(i & MASK)); }
    void clr(int i)  {        x[i>>SHIFT] &= ~(1<<(i & MASK)); }
    int  test(int i) { return x[i>>SHIFT] &   (1<<(i & MASK)); }
public:
    IntSetBitVec(int maxelms, int maxval)
    {   hi = maxval;
        x = new int[1 + hi/BITSPERWORD];
        for (int i = 0; i< hi; i++)
            clr(i);
        n = 0;
    }
    int size() { return n; }
    void insert(int t)
    {   if (test(t))
            return;
        set(t);
        n++;
    }
    void report(int *v)
    {   int j=0;
        for (int i = 0; i < hi; i++)
            if (test(i))
                v[j++] = i;
    }
};


class IntSetBins {
private:
    int n, bins, maxval;
```

```
    struct node {
        int val;
        node *next;
        node(int v, node *p) { val = v; next = p; }
    };
    node **bin, *sentinel;
    node *rinsert(node *p, int t)
    {  if (p->val < t) {
              p->next = rinsert(p->next, t);
        } else if (p->val > t) {
              p = new node(t, p);
              n++;
        }
        return p;
    }
public:
    IntSetBins(int maxelms, int pmaxval)
    {   bins = maxelms;
        maxval = pmaxval;
        bin = new node*[bins];
        sentinel = new node(maxval, 0);
        for (int i = 0; i < bins; i++)
            bin[i] = sentinel;
        n = 0;
    }
    int size() { return n; }
    void insert(int t)
    {   int i = t / (1 + maxval/bins);
        bin[i] = rinsert(bin[i], t);
    }
    void report(int *v)
    {   int j = 0;
        for (int i = 0; i < bins; i++)
            for (node *p = bin[i]; p != sentinel; p = p->next)
                v[j++] = p->val;
    }
};
```

部分习题提示

第 1 章提示

4．阅读第 12 章。

5．考虑两趟算法。

6、8、9．使用关键字索引。

10．考虑散列，并且不要局限于计算机系统。

11．考虑鸟类。

12．不使用钢笔你如何写字？

第 2 章提示

1．考虑排序、二分搜索和标识。

2．争取获得线性运行时间的算法。

5．利用恒等式 $cba = (a^r b^r c^r)^r$ 。

7．Vyssotsky 使用了一个系统工具和两个一次性的程序，他编写后两个程序仅仅是为了重新组织磁带上的数据。

8．考虑集合中最小的 k 个元素。

9．s 次顺序搜索的开销正比于 sn，s 次二分搜索的总开销等于搜索的开销加上对表排序所需的时间。在对各种算法的常量因子给予足够的信任之前，请看习题 9.9。

10．阿基米德如何确定皇冠不是纯金的？

第3章提示

2．用一个数组表示递归的系数，另一个数组表示前面 k 个值。程序在一个循环内部包含另一个循环。

4．只需要从头开始编写一个函数，其他两个函数都可以调用它。

第4章提示

2．使用精确的不变式。考虑在数组中添加两个假想的元素来初始化不变式：$x[-1]=-\infty$ 和 $x[n]=\infty$。

5．如果你解决了这个问题，请到最靠近的数学系申请一个博士学位。

6．寻找该过程中的不变式，并将罐中的初始条件和终止条件联系起来。

7．再次阅读 2.2 节。

9．使用下面的循环不变式，它们在 *while* 语句中的测试之前为真。对于向量加法，$i \leqslant n \;\&\&\; \forall_{1\leqslant j<i}\; a[j]=b[j]+c[j]$；对于顺序搜索，$i \leqslant n \;\&\&\; \forall_{1\leqslant j<i}\; x[j]\neq t$。

11．参考答案 11.14 中把数组指针传递给 *swap* 函数的递归函数。

第5章提示

3．搜索“mutation testing”之类的术语。

5．仅进行 $O(\log n)$或 $O(1)$次额外的比较，如何实现？

6．本书网站上提供了一个带有图形用户界面的 Java 程序，可用于研究排序算法。

9．脚手架以制表符作为分隔符，这种输出格式能够兼容大多数的电子表格。我通常将一系列的相关实验和它们的性能图表存储在同一页电子表格上，并在该页说明为什么做这些实验以及从中能学到什么。

第 6 章提示

1. 见 8.5 节。

3. 修改附录 C 中描述的运行时间开销模型，以度量双精度运算的开销。

7. 可以通过驾驶培训、严格限速、限制饮酒的最小年龄、严惩酒后驾车、建立良好的公共交通运输系统等措施来避免交通事故。一旦发生了交通事故，可以通过乘客舱的设计以及安全带（可能跟法律的规定一样）和安全气囊的使用来降低乘客的受伤程度。一旦有人受伤了，可以借助现场护理、救护直升机、外伤中心和矫正手术来降低伤害造成的后果。

第 7 章提示

5. 首先从函数 $(1+x/100)^{72/x}$ 出发，得到 $(1+0.72/x)^x$ 并使用电子表格绘图。为了证明“72 法则”的性质，需要用到下面几个结论：$\lim_{n\to\infty}(1+c/n)^n = e^c$，2 的自然对数约为 0.693，并且渐近线并不总是最佳逼近线。

8. 请特别留意习题 2.7、8.10、8.12、8.13、9.4、10.10、11.6、12.7、12.9、12.11、13.3、13.6、13.11、15.4、15.5、15.7、15.9 和习题 15.15，以及习题 1.3、2.2、2.4、2.8、10.2、12.3、13.2、13.3、13.8、14.3、14.4、15.1、15.2 和 15.3 节中的设计和程序。

第 8 章提示

4. 绘制随机遍历的累加和。

7. 浮点加法不一定需要关联。

8. 除了计算区域中的最大和之外，返回数组每端最大向量结束的信息。

10、11、12. 使用累加数组。

13. 显而易见的算法的运行时间为 $O(n^4)$，请给出一种立方算法。

第 9 章提示

3. 由于加法最多只能使 k 增加 $n-1$，我们可以确定 k 小于 $2n$。

9. 要使得即便 n 非常小的时候，二分搜索也跟顺序搜索差不多，只需要使比较操作的开销很大就可以了。

第 10 章提示

1. 编译器生成什么样的代码来访问压缩字段？

5. 混合并匹配函数和表格。

7. 假设内存中的特定范围是等价的，这样就可以减少数据。这里所说的范围既可以是固定长度的块（如 64 字节），也可以是函数边界。

第 11 章提示

2. 使循环下标 i 从高到低变化，逐渐靠近 $x[l]$中的已知值 t。

4. 当你有两个子问题需要解决时，哪个问题应该立即解决，哪个问题应该留在栈上等以后解决——大一些的子问题还是小一些的子问题？

9. 修改快速排序，使其仅在包含 k 的子范围内进行递归。

第 12 章提示

4. 向统计学家请教“赠券收集问题”和“生日悖论”。

11. 该问题陈述表明，你可以使用计算机，但并非必须使用计算机。

第 13 章提示

2. 应进行错误检查，以确保待插入的整数在正确的范围内，且数据结构还没有被填满。此外，还应该用一个析构函数来返回所分配的存储空间。

3. 使用二分搜索来测试某个元素是否在有序数组中。

第 14 章提示

2. 我们的目标是得到一个具有如下结构的堆排序。

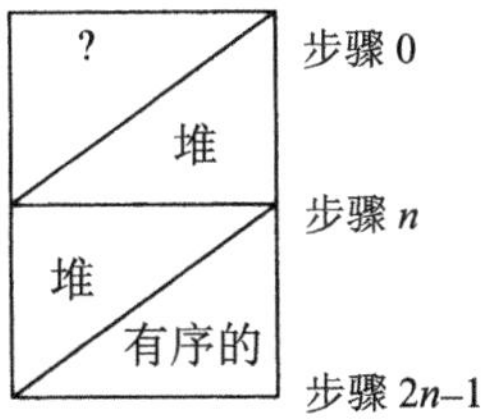

3. 见习题 2，同时考虑把代码移出循环。

6. 堆具有结点 i 到结点 $2i$ 的隐式指针，为磁盘文件也加上这一指针。

7. $x[0..6]$上的二分搜索使用了根为 $x[3]$的隐式树。若使用 14.1 节的隐式树，情况会怎样？

9. 对排序使用 $O(n \log n)$下界。如果 *insert* 和 *extractmin* 的运行时间都小于 $O(\log n)$，那么排序时间可以小于 $O(n \log n)$。说明如何使用这两个操作来更快地排序。

第 15 章提示

15. 假设我们正从一个有 100 万个单词的文档中生成 1 阶马尔可夫文本，该文档只在短语“$x\ y\ x\ z$”中包含单词 x、y 和 z。x 后面跟 y 的可能性应为 1/2，后面跟 z 的可能性也应为 1/2。在香农的算法中有什么差别？

16. 如何利用 k 连字母或 k 连单词的计数？

17. 一些商业语音识别器是基于三连统计的。

部分习题答案

第 1 章答案

1. 下面的 C 程序使用 C 标准库函数 *qsort* 来排序一个整数文件。

```
int intcomp(int *x, int *y)
{    return *x - *y; }

int a[1000000];
int main(void)
{   int i, n=0;
    while (scanf("%d", &a[n]) != EOF)
        n++;
    qsort(a, n, sizeof(int), intcomp);
    for (i = 0; i < n; i++)
        printf("%d\n", a[i]);
    return 0;
}
```

下面这个 C++程序使用 C++标准模板库中的 *set* 容器完成相同的任务。

```
int main(void)
{    set<int> S;
     int i;
     set<int>::iterator j;
     while (cin >> i)
         S.insert(i);
     for (j = S.begin(); j != S.end(); ++j)
          cout << *j << "\n";
```

```
    return 0;
}
```

答案 3 概述了上面两个程序的性能。

2. 下面的函数使用常量来设置、清除以及测试位值：

```
#define BITSPERWORD 32
#define SHIFT 5
#define MASK 0x1F
#define N 10000000
int a[1 + N/BITSPERWORD];

void set(int i) {          a[i>>SHIFT] |=  (1<<(i & MASK)); }
void clr(int i) {          a[i>>SHIFT] &= ~(1<<(i & MASK)); }
int  test(int i){ return   a[i>>SHIFT] &   (1<<(i & MASK)); }
```

3. 下面的 C 代码使用答案 2 中定义的函数来实现排序算法。

```
int main(void)
{   int i;
    for (i = 0; i < N; i++)
        clr(i);
    while (scanf("%d", &i) != EOF)
        set(i);
    for (i = 0; i < N; i++)
        if (test(i))
            printf("%d\n", i);
    return 0;
}
```

我使用答案 4 中的程序生成了一个包含 100 万个不同正整数的文件，其中每个正整数都小于 1 000 万。下表列出了使用系统命令行排序、答案 1 中的 C++和 C 程序以及位图代码对这些整数进行排序的开销：

	系统排序	C++/STL	C/qsort	C/位图
总时间开销（秒）	89	38	12.6	10.7
计算时间开销(秒)	79	28	2.4	0.5
空间开销（MB）	0.8	70	4	1.25

第一行是总时间，第二行减去了读写文件所需的 10.2 秒输入/输出时间。尽管通用

C++程序所需的内存和 CPU 时间是专用 C 程序的 50 倍，但是代码量仅有专用 C 程序的一半，而且扩展到其他问题也容易得多。

4. 见第 12 章，尤其是习题 12.8。下面的代码假定 *randint*(*l*, *u*)返回 *l*..*u* 中的一个随机整数。

```
for i = [0, n)
    x[i] = i
for i = [0, k)
    swap(i, randint(i, n-1))
    print x[i]
```

其中 *swap* 函数的作用是交换 *x* 中的两个元素。有关 *randint* 函数的详细讨论见 12.1 节。

5. 使用位图表示 1 000 万个数需要 1 000 万个位，或者说 125 万字节。考虑到没有以数字 0 或 1 打头的电话号码，我们可以将内存需求降低为 100 万字节。另一种做法是采用两趟算法，首先使用 5 000 000/8=625 000 个字的存储空间来排序 0~4 999 999 之间的整数，然后在第二趟排序 5 000 000~9 999 999 的整数。*k* 趟算法可以在 *kn* 的时间开销和 *n*/*k* 的空间开销内完成对最多 *n* 个小于 *n* 的无重复正整数的排序。

6. 如果每个整数最多出现 10 次，那么我们就可以使用 4 位的半字节来统计它出现的次数。利用习题 5 的答案，我们可以使用 10 000 000/2 字节在 1 趟内完成对整个文件的排序，或使用 10 000 000/2*k* 字节在 *k* 趟内完成对整个文件的排序。

9. 借助于两个额外的 *n* 元向量 *from*、*to* 和一个整数 *top*，我们就可以使用标识来初始化向量 *data*[0..*n*-1]。如果元素 *data*[*i*]已初始化，那么 *from*[*i*]<*top* 并且 *to*[*from*[*i*]] = *i*。因此，*from* 是一个简单的标识，*to* 和 *top* 一起确保了 *from* 中不会被写入内存里的随机内容。下图中 *data* 的空白项未被初始化：

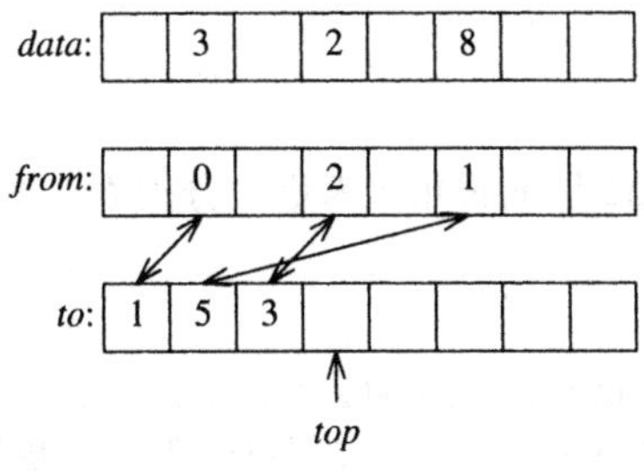

变量 *top* 初始为 0，下面的代码实现对数组元素 *i* 的首次访问：

```
from[i] = top
to[top] = i
data[i] = 0
top++
```

本习题和答案来自 Aho、Hopcroft 和 Ullman 编写的 *Design and Analysis of Computer Algorithms*[①]（Addison-Wesley 出版社 1974 年出版）中的习题 2.12。该习题结合了关键字索引和巧妙的标识方法，适用于矩阵和向量。

10. 商店将纸质订单表格放在 10×10 的箱数组中，使用客户电话号码的最后两位作为散列索引。当客户打电话下订单时，将订单放到适当的箱中。当客户来取商品时，销售人员顺序搜索对应箱中的订单——这就是经典的“用顺序搜索来解决冲突的开放散列”。电话号码的最后两位数字非常接近于随机，因此是非常理想的散列函数，而最前面的两位数字则很不理想——为什么？一些市政机关使用类似的方案在记事本中记录信息。

11. 两地的计算机原先是通过微波连接的，但是当时测试站打印图纸所需的打印机却非常昂贵。因此，该团队在主厂绘制图纸，然后拍摄下来并通过信鸽把 35 毫米的底片送到测试站，在测试站进行放大并打印成图片。鸽子来回一次需要 45 分钟，是汽车所需时间的一半，并且每天只需要花费几美元。在项目开发的 16 个月中，信鸽传送了几百卷底片，仅丢失了两卷（当地有鹰，因此没有让信鸽传送机密数据）。由于现在打印机比较便宜，因此可以使用微波链路解决该问题。

12. 根据该传闻，前苏联人用铅笔解决了这个问题。Fisher Space Pen 公司成立于 1948 年，其书写设备被俄国航天局、水底探测人员和喜马拉雅登山探险队使用过。

第 2 章答案

A. 我们从表示每个整数的 32 位的视角来考虑二分搜索。算法的第一趟（最多）读取

① 该书英文影印版已先后由中国电力出版社和机械工业出版社出版，中文书名分别为《算法设计与分计》和《计算机算法的设计与分析》，中译版已由机械工业出版社出版，书名为《计算机算法的设计与分析》。——编者注

40 亿个输入整数，并把起始位为 0 的整数写入一个顺序文件，把起始位为 1 的整数写入另一个顺序文件。

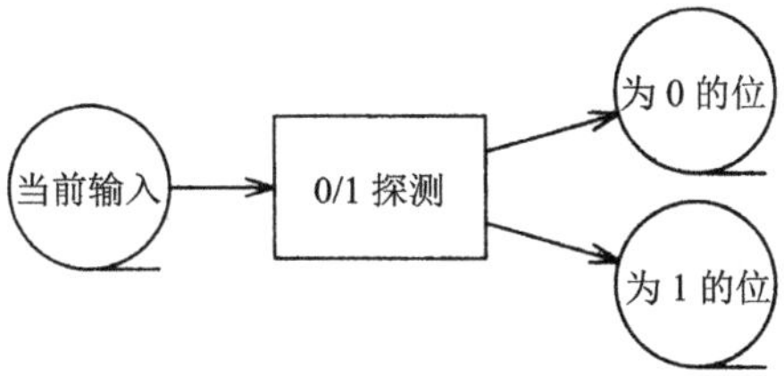

这两个文件中，有一个文件最多包含 20 亿个整数,我们接下来将该文件用作当前输入并重复探测过程，但这次探测的是第二个位。如果原始的输入文件包含 n 个元素，那么第一趟将读取 n 个整数，第二趟最多读取 $n/2$ 个整数，第三趟最多读取 $n/4$ 个整数，依次类推，所以总的运行时间正比于 n。通过排序文件并扫描，我们也能够找到缺失的整数，但是这样做会导致运行时间正比于 $n \log n$。本习题是伊利诺伊大学的 Ed Reingold 给出的一道测验题。

B．见 2.3 节。

C．见 2.4 节。

1．为了找出给定单词的所有变位词，我们首先计算它的标识。如果不允许进行预处理，那么我们只能顺序读取整个字典，计算每个单词的标识并比较两个标识。如果允许进行预处理，我们可以在一个预先计算好的结构中执行二分搜索，该结构中包含按标识排序的（标识，单词）对。Musser 和 Saini 在他们的 *STL Tutorial and Reference Guide*[①]（Addison-Wesley 出版社 1996 年出版）一书的第 12 章~第 15 章实现了几个变位词程序。

2．二分搜索通过递归搜索包含半数以上整数的子区间来查找至少出现两次的单词。我最初的解决方案不能保证每次迭代都将整数数目减半，所以 $\log_2 n$ 趟的最坏情况运行时间正比于 $n \log n$。Jim Saxe 经过观察发现，该搜索用不着考虑过多的重复元素，从而可以把运行时间缩短为线性时间。如果他的搜索程序知道当前范围内的 m 个整数中一定有重复元素，那么程序只会在当前工作磁带上存储 $m+1$ 个整数，此后过来的整数将会被丢弃。虽然他的方法经常会忽略输入变量，但其策略却足以确保至少能找到一个重复元素。

① 该书第 2 版中译版已由科学出版社出版，中文书名为《标准模板库自修教程与参考手册——STL 进行 C++编程》。——编者注

3．下面的“杂技”代码将$x[n]$向左旋转*rotdist*个位置。

```
for i = [0, gcd(rotdist, n))
    /* move i-th values of blocks */
    t = x[i]
    j = i
    loop
        k = j + rotdist
        if k >= n
            k -= n
        if k == i
            break
        x[j] = x[k]
        j = k
    x[j] = t
```

*rotdist*和n的最大公约数是所需的置换次数（用近世代数术语来说，也就是旋转产生的置换群的陪集个数）。

下一个程序来自Gries的*Science of Programming*一书的18.1节，它假设函数*swap*(a, b, m)的功能是交换$x[a..a+m-1]$和$x[b..b+m-1]$。

```
if rotdist == 0 || rotdist == n
    return
i = p = rotdist
j = n - p
while i != j
    /* invariant:
        x[0  ..p-i ] in final position
        x[p-i..p-1 ] = a (to be swapped with b)
        x[p  ..p+j-1] = b (to be swapped with a)
        x[p+j..n-1 ] in final position
     */
    if i > j
        swap(p-i, p, j)
        i -= j
    else
        swap(p-i, p+j-i, i)
        j -= i
swap(p-i, p, i)
```

有关循环不变式的描述见第 4 章。

该代码跟下面这段（虽然慢但是正确的）计算 i 和 j 的最大公约数的欧几里得算法是同构的（代码假设输入都不为零）。

```
int gcd(int i, int j)
    while i != j
        if i > j
            i -= j
        else
            j -= i
    return i
```

Gries 和 Mills 在康奈尔大学计算机科学技术报告 81-452 的“交换部分”研究了所有三种旋转算法。

4. 我在 400 MHz 的 Pentium Ⅱ机器上运行了所有三种算法，运行时把 n 固定为 1 000 000，并使旋转距离从 1 变化到 50。下图绘制了在每个数据集上 50 次运行的平均时间：

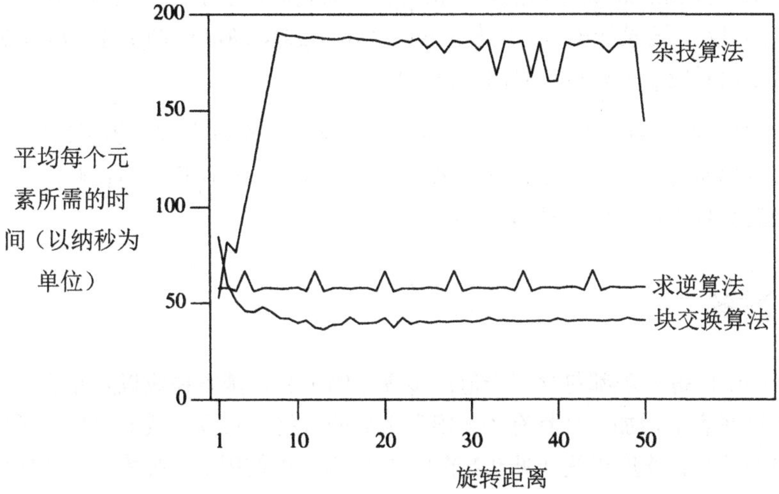

求逆代码的运行时间比较一致，约为每个元素 58 纳秒，仅当旋转距离模 8 余 4 时跳到约 66 纳秒（这可能跟 32 字节的缓存大小有关）。块交换算法开始时开销最高（可能是由交换单元素块的函数调用引起的），但是良好的高速缓存性能使得旋转距离大于 2 时该算法是最快的算法。杂技算法开始时开销最低，但是由于其高速缓存性能很差（从每一个 32 字节的高速缓存线中访问单个元素），当旋转距离为 8 时所需时间将近 200 纳秒。杂技算法的时间在 190 纳秒左右浮动，偶尔会有所下降（当旋转距离为 1 000 时，它的运行时间会降到 105 纳秒，然后马上又恢复到 190）。20 世纪 80 年代中期，当旋转距离设置为页面大小时，这一代码使得页面的性能不稳定。

6. 名字的标识是其按键编码，所以“LESK*M*”的标识是“5375*6*”。为了在字典中找出错误的匹配，我们用按键编码标识每个名字，并根据标识排序（当标识相同时根据名字排序），然后顺序读取排序后的文件并输出具有不同名字的相同标识。为了检索出给定按钮编码的名字，我们可以使用一种包含标识和其他数据的结构。尽管我们可以对该结构排序，然后用二分搜索查询按键编码；实际系统往往使用散列技术或数据库系统。

7. 为了转置行矩阵，Vyssotsky 为每条记录插入列号和行号，然后调用系统的磁带排序程序先按列排序再按行排序，最后使用另一个程序删除列号和行号。

8. 该问题的啊哈!灵机一动是：当且仅当包含 k 个最小元素的子集之和不超过 t 时，总和不超过 t 的 k 元子集是存在的。可以通过排序原始集合，在正比于 $n \log n$ 的时间内找到该子集；也可以使用选择算法（见答案 11.9），在正比于 n 的时间内找到该子集。当 Ullman 将这道题作为课堂作业布置时，学生们不仅设计出了上述运行时间的算法，还设计出了时间复杂度为 $O(n \log k)$、$O(nk)$、$O(n^2)$和 $O(n^k)$的算法。你能否给出对应于这些运行时间的自然算法?

10. 爱迪生在灯泡壳中灌满了水，然后将这些水倒入一个具有刻度的圆柱体中。（如果你注意提示可能就会发现，阿基米德也使用水来计算体积；他在获得啊哈！灵机一动后大喊“我发现了！”来庆祝。）

第 3 章答案

1. 税收表格中的每一项都包含三个值：该等级的下界、基本税收以及超出下界的税率。通过在表中增加一个具有“无限”下界的最终哨兵项，我们可以使顺序搜索代码更易编写、速度更快（见 9.2 节）；当然也可以使用二分搜索。这些方法能够用于任何分段线性函数。

3. 印刷体字母“I”

```
xxxxxxxxx
xxxxxxxxx
xxxxxxxxx
```

```
   xxx
   xxx
   xxx
   xxx
   xxx
   xxx
xxxxxxxxx
xxxxxxxxx
xxxxxxxxx
```

可以编码为

```
3 lines 9 x
6 lines 3 blank  3 x  3 blank
3 lines 9 x
```

或者更为紧凑的格式

```
3 9 x
6 3 b 3 x 3 b
3 9 x
```

4. 为了求出两个日期之间的天数，我们需要计算这两个日期在相应年份中的编号，用后者减去前者（可能需要借助于具体的年份），然后加上年份之差的 365 倍，最后再为每个闰年加上 1。为了求出给定的日期是周几，我们需要计算给定日期和一个已知的周日之间的天数，然后用模运算将其转化为周几。为了生成给定年份中某个月的日历，我们需要知道该月有多少天（注意要正确处理二月份）以及该月的第一天是周几。Dershowitz 和 Reingold 专门写了一本 *Calendrical Calculations*（剑桥大学出版社 1997 年出版）。

5. 由于对单词的比较是从右向左进行的，因此将单词按相反顺序（从右到左）存储可能需要付出一些代价。为了表示后缀序列，我们可以使用二维字符数组（通常比较浪费）或者用终止字符分隔后缀的一维字符数组，也可以使用带有单词指针数组的字符数组。

6. Aho、Kernighan 和 Weinberger 在 *AWK Programming Language*（Addison-Wesley 出版社 1988 年出版）一书的第 101 页给出了一个 9 行的程序来生成格式信函。

第 4 章答案

1. 为了证明程序不会出现溢出错误，我们在不变式中添加条件 $0 \leqslant l \leqslant n$ 和 $-1 \leqslant u < n$，这样我们就可以限定 $l+u$ 的范围了。这两个条件还可以用于证明不会访问数组边界之外的元素。如果像 9.3 节一样定义假想的边界元素 $x[-1]$和 $x[n]$，那么我们就能将 *mustbe* (l, u)形式化地定义为 $x[l-1]<t$ 和 $x[u+1]>t$。

2. 见 9.3 节。

5. 有关这个著名的未解决数学问题的介绍可参考 B. Hayes 在 1984 年 1 月《科学美国人》的计算机娱乐专栏中发表的“On the ups and downs of hailstone numbers”一文。如果想进一步讨论技术问题，请参考 J. C. Lagarias 在 1985 年 1 月的《美国数学月刊》上发表的“The 3x+1 problem and its generalizations”一文。在本书出版之际，Lagarias 给出了长达 30 页的参考文献，其中大约有 100 篇提到了该问题。

6. 由于每一步都使得罐中的豆子减少 1 粒，因此该过程能够终止。我们每一步都从咖啡罐中拿掉零个或两个白豆，所以白豆个数的奇偶性保持不变。因此，当且仅当罐中最初的白豆个数为奇数时，最后留下的豆子才可能是白色的。

7. 构成梯级的线段在 y 方向上是递增的，因此我们可以通过二分搜索来找到包含给定点的两条线段。搜索中的基本比较说明了点在给定线段的下方、里面还是上方。应该如何编写该函数呢?

8. 见 9.3 节。

第 5 章答案

1. 编写大型程序时，我为全局变量使用较长的名字（10 个或 20 个字符）。本章使用了像 x、n 和 t 这样的短变量名。在大多数软件项目中，最短的合理名称可能类似于 *elem*、*nelems* 和 *target*。我发现建立脚手架的时候使用短名字比较方便，在类似 4.3 节的数学证明中使用短名字也是很必要的。数学上也有类似的法则：对数学不熟悉的人可能希望听到“直角三角形斜边的平方等于两条直角边的平方和”，而处理该问题的人通常会说“$a^2 + b^2 = c^2$”。

   我尽可能地保持了 Kernighan 和 Ritchie 的 C 编码风格，但是我把函数的左花括号放在了第一行代码中，并删除了其他空行以节省版面（对于本书中的小函数而言，空行占了很大的百分比）。

如果目标值不存在，那么 5.1 节的二分搜索返回整数-1；如果目标值存在，那么二分搜索就定位到该值。Steve McConnell 建议搜索应该返回两个值：一个是布尔值，用于表示目标值是否存在；另一个是下标索引，仅当布尔值为真时使用：

```
boolean BinarySearch(DataType TargetValue, int *TargetIndex)
/* precondition: Element[0] <= Element[1] <=
       ... <= Element[NumElements-1]
    postcondition:
        result == false =>
            TargetValue not in Element[0..NumElements-1]
        result == true  =>
            Element[*TargetIndex] == TargetValue
 */
```

McConnell 的《代码大全》一书的第 402 页的程序清单 18.3 是一个 Pascal 插入排序，占了（很大的）一页；代码和注释加起来总共 41 行。该代码风格比较适合于大型软件项目。本书的 11.1 节仅用 5 行代码就表示出了同样的算法。

只有很少的程序具有错误检查功能。一些函数从文件中将数据读入到大小为 *MAX* 的数组中，由于 *scanf* 调用很容易使缓冲区溢出，因此，作为 *scanf* 函数形参的数组实参是全局变量。

本书采用了适合于教科书和脚手架的简短名字，但是这种做法不适用于大型软件项目。Kernighan 和 Pike 在 *Practice of Programming* 一书的 1.1 节指出，“清晰往往来自简短”。即便如此，本书的大多数代码还是避免了 14.3 节的 C++代码所体现出来的难以置信的密集风格。

7. 当 n=1 000 时，按照排好的顺序搜索整个数组每次需要 351 纳秒，而按随机顺序搜索会使平均开销提高到 418 纳秒（大约减慢 20%）。当 $n=10^6$ 时，实验中甚至连二级缓存都会溢出，并且减速因子为 2.7。对于 8.3 节中高度调优过的二分搜索，有序搜索能够在 125 纳秒内搜索包含 n=1000 个元素的表，而随机搜索则需要 266 纳秒的时间，减速因子超过 2。

第 6 章答案

4. 希望自己的系统可靠吗？在设计初期就应该建立可靠性，否则以后很难加上。在设计数据结构时，应该使其能够在部分受损时恢复信息。通过仔细地察看和简单的运行来检查代码，并进行广泛的测试。在可靠的操作系统上、在使用错误校正内存的冗余硬件系统中运行您的软件。制订一个计划，以便在系统崩溃（一定会崩溃）时能够快速恢复。仔细记录每次崩溃以便学习。

6. “在提高效率之前先确保正确性”通常是一个好建议。不过，Bill Wulf 只花了几分钟就让我觉得这一古训并没有我以前想象得那么正确。他举了一个文档生成系统的例子，该系统需要几小时才能生成一本书。Wulf 的评论如下：“这个程序跟其他任何大型系统一样，今天有 10 个已知的小错误，下个月又将出现 10 个新的错误。如果让你在纠正当前的 10 个错误和使程序提速 10 倍之间选择，你会选择哪一个？”

第 7 章答案

在本书付诸出版时，下面这些答案所猜测的数与正确值的偏差因子可能会达到 2，但是不会差得太多。

1. 即便当帕塞伊克河在新泽西州帕特森市的美丽的大瀑布处从 80 英尺的高度落下来时，其流速也达不到每小时 200 英里。我怀疑该工程师跟记者说的是：该河的流速为每天 200 英里，是每天 40 英里的常见速度的 5 倍；常见流速比较慢，不到每小时两英里。

2. 老式的可移动磁盘容量为 100 MB。ISDN 线传输速率为 112 Kbit/s，或者说每小时能传输 50 MB。这就相当于在骑自行车的人的口袋中放一个磁盘，然后让他骑两小时或绕半径 15 英里（约 24km）的圆一周。为了使比较更有趣，我们将 100 张 DVD 放入骑车人的背包，这样他的带宽就变成了原来的 17 000 倍；把 ISDN 线更新为 ATM 可以使带宽变为原来的 1 400 倍，传输速率为 155 Mbit/s。这样骑车的人又得到了一个系数 12，或者说需要骑一天。（写完这段文字的第二天，我发现同事的办公桌上堆着 200 张 5 GB 的一次写入唱片。在 1999 年，拥有这么多的媒体数据是很惊人的。）

3. 软盘的容量为 1.44 MB。我全速打字的速度约为每分钟 50 个单词（300 字节），因此可以在 4 800 分钟或 80 小时内填满一张软盘。（本书的输入文本仅有 0.5 MB，但是我却花了超过三天的时间才完成录入）。

4. 我原本希望得到的答案是：以前只需要 10 纳秒的指令执行现在需要 1/100 秒，以前只需要 11 毫秒的磁盘旋转（5 400 转/分钟）现在需要 3 小时，以前只需要 20 毫秒的磁盘臂搜索现在需要 6 小时，以前只需要两秒钟的名字键入现在大约需要一个月。一位聪明的读者写道："需要多长时间？如果时钟也同样变慢，则所需的时间跟以前完全一样。"

5. 增长速率介于 5%和 10%之间时，"72 法则"估算的误差在 1%以内。

6. 由于 72/1.33 约为 54，因此到 2052 年人口将翻倍（令人欣喜的是，联合国的估算使得人口增长率有了显著的降低）。

9. 忽略由于排队而导致的减速，如果每次磁盘操作需要 20 毫秒（磁盘臂搜索时间）的话，那么处理每个事务需要 2 秒，也就是说每小时可以处理 1 800 个事务。

10. 可以通过统计报纸上的死亡通告并估算本地人口来估算本地的死亡率。一种更简单的方法是利用 Little 定律以及对平均寿命的估算。例如，如果平均寿命为 70 年，那么每年有 1/70 或 1.4%的人口死亡。

11. Peter Denning 对 Little 定律的证明可以分为两部分。"首先，定义 $\lambda = A/T$ 为到达速率，其中 A 是在长度为 T 的观察时间内到达的数目。定义 $X = C/T$ 为输出速率，其中 C 是在长度为 T 的观察时间内的完成数。用 $n(t)$表示在$[0, T]$内的时间 t 上系统中的数目。令 W 是 $n(t)$下的区域（单位为"项—秒"），表示观察期间系统中所有元素的等待时间总和。每个元素完成的平均响应时间定义为$R = W/C$，单位为"(项—秒)/项"。系统中的平均数是 $n(t)$的平均高度，即 $L = W/T$，单位为"(项—秒)/秒"。现在很明显 $L = RX$。这个公式仅就输出速率而言。没有必要进行"流平衡"，即具有相同的输出流量（用符号表示为$\lambda = X$）。如果你添加了这个假设条件，公式就变成$L = \lambda \times R$，这是排队论和系统论中遇到的公式。"

12. 当读到一枚 25 美分硬币的"平均寿命是 30 年"时，我觉得这个数太大了，我记得自己没看到过多少古老的硬币。因此，我把手伸进口袋，找出了 12 枚 25 美分的硬币。它们的年龄如下（以年为单位）：

    3 4 5 7 9 9 12 17 17 19 20 34

    平均年龄为 13 年，这和 25 美分硬币的平均寿命约为（年龄分布相当均匀情况下）寿命的两倍非常一致。如果能找到大量年龄都少于 5 年的硬币，我就可以进一步研究这个问题。然而，这次我认为这篇文章的结论是正确的。该文章还说"至少制造了 7.5 亿枚新泽西州的 25 美分硬币"，还说每 10 周就会发行一种新的 25 美分的州硬币。这乘起来就得出如下结论：每年大约发行 40 亿枚 25 美分硬币，或者说每个美国居民每年能得到 12 枚新的 25 美分硬币。每枚 25 美分硬币具有 30 年的寿命就意味着每个美国居民拥有 360 枚 25 美分硬币。这些硬币放在口袋里太多了，但是如果加上家里和汽车里的零钱，以及收银机、投币式自动售货机和银行里的硬币，那就差不多了。

第 8 章答案

1．David Gries 在 1982 年第 2 期的 *Science of Computer Programming* 第 207 页～第 214 页的“A Note on the Standard Strategy for Developing Loop Invariants and Loops”一文中系统地推导并验证了算法 4。

3．算法 1 大约对函数 *max* 进行了 $n^3/6$ 次调用，算法 2 大约进行了 $n^2/2$ 次调用，算法 4 大约进行了 $2n$ 次调用。算法 2b 为累加数组使用了线性的额外空间，算法 3 为栈使用了对数的额外空间。其他算法仅使用了常数的额外空间。算法 4 是实时的：一趟输入完毕它就计算出答案，这特别适用于处理磁盘文件。

5．如果将 *cumarr* 声明成

```
float *cumarr;
```

那么赋值

```
cumarr = realarray+1
```

将意味着 *cumarr*[−1]指向 *realarray*[0]。

9．使用赋值 $maxsofar = -\infty$ 替换 $maxsofar = 0$。如果$-\infty$的使用让你迷惑，也可以使用 $maxsofar = x[0]$,为什么？

10．初始化累加数组 *cum*，使得 $cum[i] = x[0] + \cdots + x[i]$。如果 $cum[l-1] = cum[u]$,那么子向量 $x[l..u]$之和就为 0。因此，可以通过定位 *cum* 中最接近的两个元素来找出和最接近零的子向量；这可以通过排序数组，在 $O(n \log n)$时间内完成。这样得到的运行时间不超过最优时间的常数倍，因为任何能够解决这个问题的算法都能够用于解决“元素唯一性”问题（判断数组中是否包含重复元素。Dobkin 和 Lipton 证明“元素唯一性”问题所需的时间跟最坏情况下决策树模型的计算所需的时间差不多）。

11．假设收费公路是笔直的，则收费站 i 和收费站 j 之间的总费用为 $cum[j] - cum[i-1]$，其中 *cum* 是类似上题的累加数组。

12．本答案使用另一个累加数组。可以使用赋值语句：

```
for i = [l, u]
```

```
    x[i] += v
```

替代循环

```
cum[u] += v
cum[l-1] -= v
```

上面的两个赋值语句先对 $x[0..u]$加上 v，然后再从 $x[0..l-1]$中减去 v。这些和都计算完毕后，我们用下面的语句计算数组 x：

```
for (i = n-1; i >= 0; i--)
    x[i] = x[i+1] + cum[i]
```

这样就把 n 次求和的最坏情况运行时间从 $O(n^2)$降到了 $O(n)$。在 6.1 节描述的 Appel 的 n 体程序中，收集统计数的时候出现了这个问题。使用上述解决方案后，统计函数的运行时间从 4 小时降到了 20 分钟。当程序的执行需要一年时，这样的加速不是很重要；但是如果程序的执行只需要一天，这样的加速就非常重要了。

13. 为了在 $O(m^2n)$时间内找出 $m \times n$ 的数组中总和最大的子数组，可以在长度为 m 的维度上使用算法 2 的方法，在长度为 n 的维度上使用算法 4 的方法。这样就可以在 $O(n^3)$时间内解决 $n \times n$ 问题，这个结果在长达 20 年的时间内一直是最佳的。在 1998 年的 *Symposium on Discrete Algorithms*（第 446 页～第 452 页）上，Tamaki 和 Tokuyama 提出了一种稍快一些的算法，运行时间为 $O(n^3[(\log\log n)/(\log n)]^{1/2})$。他们还给出了一种用于找出总和至少为最大值一半的子数组的 $O(n^2\log n)$ 近似算法，并介绍了其在数据挖掘中的应用。最理想的下界仍然正比于 n^2。

第 9 章答案

2. 下面这些变量有助于实现 Van Wyk 方法的一个变体。我们的方法使用 *nodesleft* 跟踪 *freenode* 所指向的结点的个数 *NODESIZE*。当 *nodesleft* 变为零时，重新分配数目为 *NODEGROUP* 的一组结点。

```
#define NODESIZE 8
#define NODEGROUP 1000
int nodesleft = 0;
char *freenode;
```

对 *malloc* 的调用可以替换为对如下函数的调用：

```
void *pmalloc(int size)
{   void *p;
    if (size != NODESIZE)
       return malloc(size);
    if (nodesleft == 0) {
       freenode = malloc(NODEGROUP*NODESIZE);
       nodesleft = NODEGROUP;
    }
    nodesleft--;
    p = (void *) freenode;
    freenode += NODESIZE;
    return p;
}
```

如果参数不等于 *NODESIZE*，则立即调用系统的 *malloc*。当 *nodesleft* 为 0 时，另外分配一组结点。使用与 9.1 节相同的输入，总的运行时间从 2.67 秒降至 1.55 秒，其中花在 *malloc* 上面的时间由 1.41 秒降至 0.31 秒（新运行时间的 19.7%）。

如果程序还需要释放结点，可以用一个新变量指向一个空闲结点的单向链表。释放一个结点时，将其放到该链表的最前面。当链表为空时，算法分配一组结点，并通过链表将它们连接起来。

4. 一组按降序排列的值就可以使算法的时间开销约为 2^n。

5. 如果二分搜索算法声称找到了值 *t*，那么该值一定在数组中。不过，应用于未排序数组时，算法有时会在 *t* 实际存在时报告说该值不存在。在这种情况，算法需要定位一对相邻的元素，以确定在数组有序时 *t* 不存在。

6. 例如，可以使用下面的测试来判断一个字符是否为数字：

```
if c >= '0' && c <= '9'
```

若要判断一个字符是否为字母数字，则需要进行很复杂的一系列比较。如果性能很重要，那么我们应该把最有可能成功的测试条件放在前面。通常，使用一个 256 元的表更简单也更快：

```
#define isupper(c) (uppertable[c])
```

大多数系统为表中的每个元素存储几个位，并通过逻辑与操作来提取：

```
#define isupper(c) (bigtable[c] & UPPER)
#define isalnum(c) (bigtable[c] & (DIGIT|LOWER|UPPER))
```

C 和 C++程序员可以通过查看 *ctype.h* 文件来了解自己所用的系统如何解决这个问题。

7. 第一种方法是计算每个输入单元（可能是一个 8 位的字符或 32 位的整数）中为 1 的位数，然后将它们相加。为了找出 16 位整数中为 1 的位数，我们可以按顺序观察每一位，或者（使用类似 b &= (b−1)的语句）对为 1 的位进行迭代，或者查表（例如查询一个 2^{16} = 65 536 元的表）。高速缓存的大小对输入单元的选择有何影响？

   第二种方法是计算输入中每个输入单元的个数，然后将该个数乘以相应输入单元中为 1 的位数，最后再对各个输入单元求总和。

8. R.G. Dromey 使用 $x[n]$作为哨兵，用下面的代码来计算数组 $x[0..n-1]$中的最大元素：

```
i = 0
while i < n
    max = x[i]
    x[n] = max
    i++
    while x[i] < max
        i++
```

11. 使用几个 72 元的表格来取代函数计算，这样可以使该程序在 IBM 7090 上的运行时间从半小时降至 1 分钟。对直升机的旋翼叶片进行计算大约需要运行该程序 300 次，因此我们增加的这少数几百个额外的内存字使得 CPU 时间从一周降至几小时。

12. Horner 使用下面的方法对多项式求值：

```
y = a[n]
for (i = n-1; i >= 0; i--)
    y = x*y + a[i]
```

   他使用了 n 次乘法，运行速度通常是以前那个代码的两倍。

第 10 章答案

1. 每一条访问压缩字段的高级语言指令会被编译为许多条机器指令，而访问未压缩字段所需要的机器指令则少一些。Feldman 对记录解压之后，数据空间稍微增加了一些，但代码空间和运行时间却大大减少了。

2. 一些读者建议在存储三元组(*x*, *y*, *pointnum*)时，如果 *x* 相同则根据 *y* 排序，这样就可以使用二分搜索来查找给定的(*x*, *y*)对。一旦输入已经根据 *x* 的值排好了序（并且如上所述，在 *x* 相同的情况下根据 *y* 排好了序），文中描述的数据结构就很容易建立了。在 *row* 数组的 *firstincol*[*i*]和 *firstincol*[*i*+1]−1 之间进行二分搜索可以使该结构的搜索更快。注意，这些 *y* 值按升序排列，并且二分搜索必须能够正确处理搜索空子数组的情况。

4. Almanacs 使用表格将城市间的距离存储为三角数组，这可以使所需的空间减少一半。有时，数学表格仅存储函数的最低有效位，最高有效位只给出一次（比如，对于每一行来说）。电视节目表可以通过仅说明节目的开始时间来节省空间（不需要按照给定的 30 分钟时间间隔列出所有的节目）。

5. Brooks 结合了两种表示方法来表示该表格。函数与真实答案相差无几，存储在数组中的单个十进制数字给出了它们之间的区别。阅读了本习题和答案之后，本版的两位审稿人评论说，最近他们也通过为近似函数补充一个表格，成功地解决了一些问题。

6. 原始文件需要 300 KB 的磁盘空间。将两个数字压缩到 1 字节中能够将所需的磁盘空间减小到 150 KB，但是会增加读文件所需的时间（那时候“单面双密度”的 5.25 英寸软盘的容量为 184 KB）。使用表查找来替代高开销的/和%运算需要消耗 200 字节的主存空间，但却可以使读取时间降低到几乎跟原来一样。因此我们相当于用 200 字节的主存换取了 150 KB 的磁盘空间。一些读者建议用 $c = (a<<4)|b$ 的方式编码，解码时可以使用 $a = c>>4$ 和 $b = c \& 0xF$ 这两个语句。John Linderman 通过观察指出“移位和掩码通常比乘除法快，而且十六进制转储等常用工具能够以可读的形式显示解码后的数据”。

第 11 章答案

1. 通过排序来查找 *n* 个浮点数中的最小值或最大值通常属于过度使用。答案 9 告诉我们，不使用排序也可以更快地求出中值；但是在某些系统上，可能使用排序更容易一些。排序对于求众数很有效，但散列的速度可能更快。求均值的算法的运行时间通常正比于 *n*，但如果先进行一轮排序可能有助于提高数值精度，见习题 14.4.b。

2. Bob Sedgewick 发现，可以使用下面的不变式，将 Lomuto 的划分方案修改为从右向左进行。

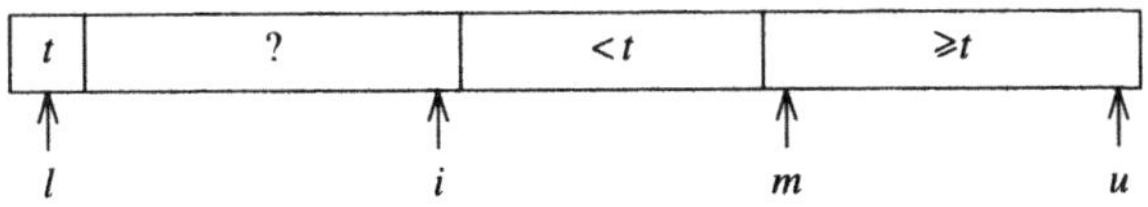

从而划分代码可写为：

```
m = u+1
for(i = u; i >= l; i--)①
    if x[i] >= t
        swap(--m, i)
```

由于循环终止时 $x[m] = t$，所以可以直接使用参数(l, m−1)和(m+1, u)进行递归，不再需要 *swap* 操作。Sedgewick 还用 $x[l]$作为哨兵省去了内循环中的一次测试：

```
m = i = u+1
do
    while x[--i] < t
        ;
    swap(--m, i)
while i != l
```

3. 为了确定 *cutoff* 的最佳值，我将 n 固定为 1 000 000，然后对 *cutoff* 在[1, 100]上的每个可能取值都运行了一遍程序，结果如下图所示。

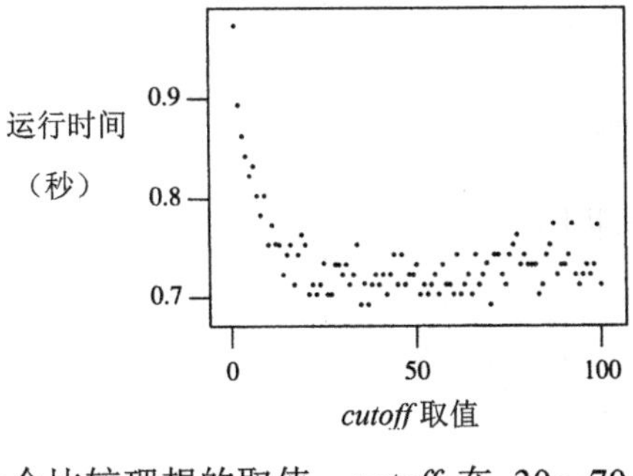

不难看出，50 是一个比较理想的取值。*cutoff* 在 30～70 取值时，运行时间与取 50 的情况相比只相差几个百分点。

① 原书为 i++，有误。——译者注

4. 参见 11.6 节引用的参考书。

5. McIlroy 的程序运行时间正比于待排序的数据量，这在最坏情况下是最好的。该程序假定 *x*[0..*n*−1]中的每一项都包含一个整数 *length* 和一个指向数组 *bit*[0..*length*−1]的指针。

```
void bsort(l, u, depth)
    if l >= u
        return
    for i = [l, u]
        if x[i].length < depth
            swap(i, l++)
    m = l
    for i = [l, u]
        if x[i].bit[depth] == 0
            swap(i, m++)
    bsort(l, m-1, depth+1)
    bsort(m, u, depth+1)
```

一开始用 *bsort*(0, *n*−1, 1)调用该函数。注意，程序中为参数和定义 *for* 循环的变量赋值了。线性运行时间很大程度上得益于 *swap* 操作移动的是指向位字符串的指针，而不是位字符串本身。

6. 选择排序的实现代码如下：

```
void selsort()
    for i = (0, n-1)
        for j = (i, n)
            if x[j] < x[i]
                swap(i, j)
```

希尔排序的实现代码如下：

```
void shellsort()
    for (h = 1 ; h < n ; h = 3*h + 1)
        ;
    loop
        h /= 3
        if (h < 1)
            break
        for i = (h, n)
```

```
        for (j = i; j >= h; j -= h)
            if (x[j-h] < x[j])
                break
            swap(j-h, j)
```

9. 下面的选择算法来自 C. A. R. Hoare，代码由 *qsort*4 稍作修改而得。

```
void select1(l, u, k)
        pre l <= k <= u
        post x[l..k-1] <= x[k] <= x[k+1..u]
    if l >= u
        return
    swap(l, randint(l, u))
    t = x[l];   i = l; j = u+1
    loop
        do i++; while i <= u && x[i] < t
        do j--; while x[j] > t
        if i > j
            break
        temp = x[i];   x[i] = x[j];    x[j] = temp
    swap(l, j)
    if j < k
        select1(j+1, u, k)
    else if j > k
        select1(l, j-1, k)
```

由于递归是函数的最后一个操作，因此可以将其转换成一个 *while* 循环。在 *The Art of Computer Programming Volume 3：Sorting and Searching* 一书的习题 5.2.2-32 中，Knuth 证明该程序平均需要 3.4n 次比较来求出 n 个元素的中值；证明方法本质上类似于答案 2.A 中的最坏情况证明。

14. 这一版本的快速排序需要用到指向数组的指针。由于只使用 x 和 n 两个参数，只要读者能够理解 x+j+1 表示的是从位置 x[j+1]开始的数组，它甚至可以比 *qsort*1 还简单。

```
void qsort5(int x[], int n)
{   int i, j ;
    if (n <= 1)
        return ;
    for (i = 1, j = 0 ; i < n ; i++)
```

```
        if (x[i] < x[0])
            swap(++j, i, x);
    swap(0, j, x);
    qsort5(x, j);
    qsort5(x+j+1, n-j-1);
}
```

由于该函数用到了指向数组的指针，因此它可以用 C 或 C++实现，但不能用 Java 实现。我们还必须将数组名（即指向数组的指针）传递给 *swap* 函数。

第 12 章答案

1. 下面两个函数分别返回一个较大的随机数（通常 30 位）和指定范围内的一个随机数：

```
int bigrand()
{   return RAND_MAX*rand() + rand(); }
int randint(int l, int u)
{   return l + bigrand() % (u-l+1);   }
```

2. 为了从 $0 \sim n-1$ 范围内选择 m 个整数，可以先在该范围内随机选择一个数 i，然后输出 $i, i+1, \cdots, i+m-1$（有可能绕回到 0）。这一方法选中每个整数的概率都是 m/n，但特定子集的选中概率明显偏大。

3. 如果已被选中的整数少于 $n/2$ 个，那么对一个已被随机选中的整数来说，其不被再次选中的概率大于 1/2。由于我们平均必须抛两次硬币才能得到正面，因此获得未被选中的整数的平均抽签次数小于 2。

4. 我们将集合 S 视为 n 个初始为空的坛子的集合。每调用一次 *randint*，我们就选中一个坛子往里面扔一个球；如果该坛子中已经有球了，则成员测试为真。需要多少个球来确保每个坛子中至少有一个球，这是统计学上著名的“赠券收集问题”（我必须收集多少张棒球卡才能确保拥有所有的 n？），答案大概为 $n \ln n$。如果每个球都进入了不同的坛子，算法需要 m 次测试；而判断何时可能会有两个球进入同一个坛子，可以用“生日悖论”（如果一群人的人数达到 23 或更多，则很可能有两个人的生日是同一天）。一般说来，如果有 $O(\sqrt{n})$ 个球，则很可能会有两个球共享 n 个坛子中的某一个。

7. 为了按升序输出，可以把 *print* 语句放到递归调用之后。

8. 为了按随机顺序输出不同的整数，在第一次生成每个整数时就将其输出，另见答案 1.4。为了按序输出重复的整数，删除判断整数是否已在集合中的测试。为了按随机顺序输出重复的整数，使用下面的程序：

```
for i = [0, m)
    print bigrand() % n
```

9. Bob Floyd 在研究基于集合的算法时发现，该算法会丢掉其生成的一些随机数。因此他提出了另一个基于集合的算法，用 C++实现如下：

```
void genfloyd(int m, int n)
{   set<int> S;
    set<int>::iterator i;
    for (int j = n-m; j < n; j++) {
        int t = bigrand() % (j+1);
        if (S.find(t) == S.end())
            S.insert(t); // t not in S
        else
            S.insert(j); // t in S
    }
    for (i = S.begin(); i != S.end(); ++i)
        cout << *i << "\n";
}
```

答案 13.1 用不同的集合接口实现这一算法。Floyd 的算法最早出现于 1986 年 8 月《ACM 通讯》的“编程珠玑”专栏，随后在我 1988 年的《编程珠玑（续）》一书的第 13 章再次出现，以上两处都提供了对其正确性的简单证明。

10. 我们总选择第 1 行，并以概率 1/2 选择第 2 行，以概率 1/3 选择第 3 行，依次类推。在这一过程结束时，每一行的选中概率是相等的（都是 $1/n$，其中 n 是文件的总行数）：

```
i = 0
while more input lines
    with probability 1.0/++i
        choice = this input line
print choice
```

11. 我在“应用算法设计”课程的家庭作业中布置过完全一样的题目。如果学生给出了只需要几分钟的 CPU 时间就能计算出答案的方法，我会给他们零分；如果答案是“我需要和统计学教授讨论”，可以得到一半的分数；最佳答案应该像这样：

数字 4～16 对游戏没有影响，可以忽略。如果 1 和 2 都出现（顺序不限）在 3 之前，则玩家获胜。这种情况发生在 3 最后选中时，概率为 1/3。因此，随机选择覆盖点的顺序就能够获胜的概率精确地等于 1/3。

不要受问题陈述的误导，我们没必要仅仅因为可以使用 CPU 时间而去使用 CPU 时间。

12. 5.9 节介绍了 Kernighan 和 Pike 的 *Practice of Programming*。该书的 6.8 节描述了他们如何测试概率程序（我们在 15.3 节将看到另一个完成同一任务的程序）。

第 13 章答案

1. 答案 12.9 的 Floyd 算法可以用 *IntSet* 类实现如下：

```
void genfloyd(int m, int maxval)
{   int *v = new int[m];
    IntSetSTL S(m, maxval);
    for (int j = maxval-m; j < maxval; j++) {
        int t = bigrand() % (j+1);
        int oldsize = S.size();
        S.insert(t);
        if (S.size() == oldsize) // t already in S
            S.insert(j);
    }
    S.report(v);
    for (int i = 0; i < m; i++)
        cout << v[i] << "\n";
}
```

当 *m* 和 *maxval* 相等时，元素按升序插入，这正是二分搜索树的最坏情况。

4. 下面的链表迭代插入算法比对应的递归算法长一些，因为它把在 *head* 后面插入结点和后来在链表中插入结点的实例分析各写了一遍：

```
void insert(t)
    if head->val == t
        return
```

```
    if head->val > t
        head = new node(t, head)
        n++
        return
    for (p = head; p->next->val < t; p = p->next)
        ;
    if p->next->val == t
        return
    p->next = new node(t, p->next)
    n++
```

下面的简化代码通过使用指向指针的指针来去除重复：

```
void insert(t)
    for (p = &head; (*p)->val < t; p = &((*p)->next))
        ;
    if (*p)->val == t
        return
    *p = new node(t, *p)
    n++
```

这段代码的速度跟前一版本一样快。只要对其稍作修改即可用于箱。答案 7 将这一方法用到了二分搜索树上。

5. 为了用一次存储分配来取代多次分配，我们需要有一个指向下一个可用结点的指针：

```
node *freenode;
```

在构造类的时候就分配出足够的空间：

```
freenode = new node[maxelms]
```

然后在插入函数中根据需要加以使用：

```
if (p == 0)
    p = freenode++
    p->val = t
    p->left = p->right = 0
    n++
else if ...
```

同样的方法可以应用到箱中。答案 7 将其用到了二分搜索树上。

6. 按升序插入结点可以度量数组和链表的搜索开销，而且只会引入很小的插入开销。而对于箱和二分搜索树，该代码会导致最坏情况。

7. 把以前的 *null* 指针都指向哨兵结点，哨兵在构造函数中进行初始化：

```
root = sentinel = new node
```

插入代码先将目标值 t 放入哨兵结点，然后用一个指向指针的指针（见答案 4）来自顶向下遍历树直至找到 t。接着使用答案 5 的方法插入一个新结点。

```
void insert(t)
    sentinel->val = t
    p = &root
    while (*p)->val != t
        if t < (*p)->val
            p = &((*p)->left)
        else
            p = &((*p)->right)
    if *p == sentinel
        *p = freenode++
        (*p)->val = t
        (*p)->left = (*p)->right = sentinel
        n++
```

其中结点变量声明并初始化如下：

```
node **p = &root;
```

9. 为了用移位取代除法，我们用类似下面的伪代码对变量进行初始化：

```
goal = n/m
binshift = 1
for (i = 2; i < goal; i *= 2)
    binshift++
nbins = 1 + (n >> binshift)
```

插入函数从该结点开始：

```
p = &(bin[t >> binshift])
```

10. 可以通过混合并匹配多种数据结构来表示随机集合。例如，由于我们很清楚每个箱中将包含多少项，因此可以用 13.2 节的知识，使用小数组来表示大多数箱中的项（当箱太满时可以将剩下的元素放到一个链表中）。Don Knuth 在 1986 年 5 月《ACM 通讯》的“编程珠玑”专栏中描述了一种“有序散列表”来解决这一问题，以展示他的文档化 Pascal 程序 Web 系统。该论文也是他 1992 年出版的 *Literate Programming* 一书的第 5 章。

第 14 章答案

1. 把 *swap* 函数中与临时变量相关的赋值移到循环之外，就可以使 *siftdown* 运行得更快。为使 *siftup* 运行得更快，除了可以这样做之外，还可以在 $x[0]$中放一个哨兵元素，省去测试 *if* $i == 1$。

2. 修改后的 *siftdown* 函数与本书的 *siftdown* 函数差别不大。赋值语句 $i = 1$ 替换为了 $i = l$，与 n 的比较替换为了与 u 的比较。修改后函数的运行时间为 $O(\log u - \log l)$。下面的代码可以在 $O(n)$时间内构造一个堆：

```
for (i = n-1; i >= 1; i--)
    /* invariant: maxheap(i+1, n) */
    siftdown(i, n)
    /* maxheap(i, n) */
```

由于 *maxheap*(l, n)对所有 $l > n/2$ 的整数都为真，因此 *for* 循环的边界 $n-1$ 可以改为 $n/2$。

3. 使用答案 1 和答案 2 中的函数，堆排序如下：

```
for (i = n/2; i >= 1; i--)
    siftdown1(i, n)
for (i = n; i >= 2; i--)
    swap(1, i)
    siftdown1(1, i-1)
```

其运行时间仍为 $O(n \log n)$，但是常系数比以前的堆排序要小一些。本书网站上的排序程序提供了几种堆排序实现。

4. 堆实现使得下面 4 个问题中的 $O(n)$过程变成了 $O(\log n)$过程。

a. 构建赫夫曼码的迭代步骤选择集合中的两个最小结点，将其归并为一个新结点。

这是通过两次 *extractmin* 调用和一次 *insert* 调用来实现的。如果输入的各频率是有序的，那么就可以在线性时间内计算出赫夫曼码，细节留作练习。

b. 简单地把较小的浮点数和较大的浮点数相加可能会丢失精度。一种较好的算法每次都把集合中最小的两个数相加，类似于上面提到的构建赫夫曼码的算法。

c. 用一个百万元堆（最小的元素在顶部）来表示目前所看到的最大的 100 万个数。

d. 可以用堆表示每个文件中的下一个元素，从而实现对有序文件的归并。迭代步骤从堆中选出最小的元素，并将其后继插入堆中。n 个文件中下一个待输出的元素可以在 $O(\log n)$时间内选出。

5. 把箱序列组织成一种类似于堆的结构，堆的每个结点说明其后代中最不满的箱的剩余空间。在决定往哪里放新权值时，搜索尽可能地往左进行（只要左边最不满的箱有足够的空间放该权值），只有在迫不得已时才往右进行。这样所需的时间正比于堆的深度 $O(\log n)$。当权值插入后，向上重新遍历该路径以调整堆中的权值。

6. 磁盘上顺序文件的常见实现使得块 i 指向块 $i+1$。Ed McCreight 发现，如果同时让结点 i 指向结点 $2i$，那么最多访问 $O(\log n)$次就能找到任意一个结点 n。下面的递归函数输出了访问的路径。

```
void path(n)
        pre    n >= 0
        post   path to n is printed
    if n == 0
        print "start at 0"
    else if even(n)
        path(n/2)
        print "double to ", n
    else
        path(n-1)
        print "increment to ", n
```

注意，这和习题 4.9 中在 $O(\log n)$时间内计算 x^n 的程序是类似的。

7. 修改后的二分搜索从 $i=1$ 开始，每次迭代将 i 设置为 $2i$ 或 $2i+1$。元素 $x[1]$包含中值，$x[2]$包含第一个四分位值，$x[3]$包含第三个四分位值，依次类推。S. R. Mahaney 和 J. I. Munro 发现了一种能在 $O(n)$时间内将 n 元有序数组调整为“堆搜索”顺序的算法。作为该方法的先驱，考虑把一个 2^k-1 元的有序数组 a 复制到一个“堆搜索”数组 b 中：a 中奇数位的元素按顺序放到 b 的后半部分，模 4 余 2

位置的元素按顺序放到 *b* 中剩余部分的后半部分，依次类推。

11. C++标准模板库中支持堆的操作有 *make_heap*、*push_heap*、*pop_heap* 和 *sort_heap* 等。结合这些操作可以得到像下面这样简单的堆排序：

```
make_heap(a, a+n);
sort_heap(a, a+n);
```

标准模板库也提供了 *priority_queue* 支持。

第 15 章答案

1. 许多文档系统都提供了去除所有格式命令并查看输入的原始文本表示的方法。我在长文本上运行 15.2 节的字符串重复程序时发现，该程序对文本的格式非常敏感。程序处理詹姆斯一世钦定版《圣经》中的 4 460 056 个字符需要 36 秒，且最长的重复子字符串为 269 个字符。如果删除每行的行号以标准化输入文本，那么长字符串就可以跨越行边界，从而最长的重复子字符串达到了 563 个字符，但是程序找到它的时间几乎没有变。

3. 由于该程序每次插入都需要执行很多次搜索，因此只有很少的时间用于内存分配。采用专用的存储分配器能使处理时间减少约 0.06 秒，能使插入程序的速度提高 10%，但是对整个程序的提速只有 2%。

5. 可以在 C++程序中添加另一个映射，将一组单词跟它们的计数联系起来。在 C 程序中我们可以根据计数对数组排序，然后对其迭代（由于一些单词的计数会比较大，数组应该比输入文件小得多）。对于常见的文档，我们可以用关键字索引，并保存一个在一定范围（如 1～1 000）内计数的链表数组。

7. 算法教材多次提醒我们注意类似于“aaaaaaaa”的输入。我发现对由换行符组成的文件计时要更容易一些。程序处理 5 000 个换行符需要 2.09 秒，处理 10 000 个换行符需要 8.90 秒，处理 20 000 个换行符需要 37.90 秒。这一增长速度要比平方快一些，也许正比于大约 $n \log_2 n$ 次比较，其中每次比较的平均开销都正比于 n。把一个大输入文件的两份副本拼接在一起产生的不良输入可能更接近实际生活。

8. 子数组 $a[i..i+M]$表示 $M+1$ 个字符串。由于数组是有序的，我们可以通过调用在第一个和最后一个字符串上调用 *comlen* 函数来快速确定这 $M+1$ 个字符串共有的字符数：

```
comlen(a[i], a[i+M])
```

本书网站提供了实现这一算法的代码。

9. 把第一个字符串读入数组 *c*，记录其结束的位置并在其最后填入空字符；然后读入第二个字符串并进行同样的处理。跟以前一样进行排序。扫描数组时，使用“异或”操作来确保恰有一个字符串是从过渡点前面开始的。

14. 下面的函数对 *k* 个单词组成的序列进行了散列，其中每个单词都以空字符结束：

```
unsigned int hash(char *p)
    unsigned int h = 0
    int n
    for (n = k; n > 0; p++)
        h = MULT * h + *p
        if (*p == 0)
            n--
    return h % NHASH
```

本书网站上的一个程序使用这个散列函数取代了马尔可夫文本生成算法中的二分搜索，使平均运行时间从 $O(n \log n)$降到了 $O(n)$。该程序在散列表中为元素使用了链表表示法，只增加了 *nwords* 个 32 位整数的额外空间，其中 *nwords* 是输入中的单词个数。

索引